EPLAN Pro Panel
官方教程
高阶版

覃　政　吴爱国　唐　利　李元庆　刘　丹　编著

机 械 工 业 出 版 社

本书为易盼软件（上海）有限公司推出的 EPLAN Pro Panel 官方教程的高阶版，以 EPLAN 最新发布的 EPLAN Pro Panel 2023 软件平台操作界面为案例参考界面。该界面采用了与当前流行的 Windows 操作系统和 Microsoft Office 相同的 Ribbon 界面，使读者更容易理解和熟悉操作过程。

相对早期版本的基础教程，本书从内容编排上更贴近设计工程师的实际应用需求，同时以最新发布的软件平台的全新操作界面作为截图参考，从新版本的基础操作、基础数据准备、实际工程应用设计以及智能制造加工设备四部分进行了阐述。

本书主要面向 EPLAN Pro Panel 的高阶应用读者，内容既包含基础知识的讲解和基本操作，同时也包含软件应用理念。

本书适用于企业工程设计人员、高等院校相关专业师生使用。

图书在版编目（CIP）数据

EPLAN Pro Panel官方教程：高阶版 / 覃政等编著. — 北京：机械工业出版社，2023. 5

ISBN 978-7-111-73057-6

Ⅰ.①E… Ⅱ.①覃… Ⅲ.①电气设备 – 计算机辅助设计 – 应用软件 – 教材 Ⅳ.①TM02-39

中国国家版本馆CIP数据核字（2023）第069804号

机械工业出版社（北京市百万庄大街22号　邮政编码100037）
策划编辑：刘琴琴　　　　　　　责任编辑：刘琴琴　郭　维
责任校对：张爱妮　张　薇　　　封面设计：王　旭
责任印制：李　昂
河北宝昌佳彩印刷有限公司印刷
2023年7月第 1 版第 1 次印刷
169mm × 239mm · 24.75印张 · 413千字
标准书号：ISBN 978-7-111-73057-6
定价：79.00 元

电话服务　　　　　　　　网络服务
客服电话：010-88361066　机　工　官　网：www.cmpbook.com
　　　　　010-88379833　机　工　官　博：weibo.com/cmp1952
　　　　　010-68326294　金　书　网：www.golden-book.com
封底无防伪标均为盗版　机工教育服务网：www.cmpedu.com

序

中国是工业制造大国，依托于政府的政策导向，在工业集群化发展的背景下，中国是唯一拥有联合国产业分类中所列全部工业门类的国家。中国工业增加值占 GDP 比重在过去十年中均保持在 40% 左右的份额。截至 2021 年，中国全部工业增加值达 37.3 万亿元人民币，占全球工业增加值的 25%。在此背景下，中国工业对于整体经济的影响将持续增长。中国也在从工业大国走向工业强国，作为可赋能传统工业或制造业数字化升级的智能制造正处于需求提升阶段，其重要性与必要性越发凸显。由工业和信息化部、国家发展和改革委员会等八个部门联合印发的《"十四五"智能制造发展规划》中明确指出，要加快系统创新，增强融合发展新动能，加强关键核心技术攻关并加速智能制造装备和系统的推广应用。到 2035 年，规模以上制造业企业将全面普及数字化。

在这样的时代背景下，EPLAN 公司以"帮助客户成功"为基本出发点，针对性地提出基于 EPLAN Experience 的服务方法论。本套系列教程充分融入数字化的市场需求特性，从企业的 IT 架构、平台设置、标准规范、产品结构、设计方法、工作流程、过程整合、项目管理八个方面来诠释如何运用 EPLAN 确保企业项目成功实施。

本套系列教程的创新点如下：

首先，新版教程着眼于当下的时代背景，融入了基于数字化设计的智能制造特性。纵向上，新版教程的内容涉及工程项目规划、项目报价、系统概要设计、电气原理设计、液压和气动原理设计、三维元器件布局设计、三维空间布线设计、高质量工程文件的输出、生产加工文件的输出、工艺接线指导文件的输出、设备运维的操作指导等。横向上，新版教程可适用的范围包括电气设计工程师对软件操作方法的学习、研发部门对设计主数据的管理、企业标准化和模块化的基础战略规划、企业智能制造的数字化驱动、基于云的企业上下游工业数字化生态建设等。

其次，新版教程采用"项目导航"式学习方式代替以往的"入门培训"式学习方式，充分结合项目的执行场景提出软件的应对思路和解决措施。在风格上，新版教程所用截图将全面采用 EPLAN Ribbon 的界面风格，融入更多的现代化视觉感受。在形式上，新版教程都增加了大量的实战项目，读者可以跟随教程的执行步骤最终完成该项目，在实践中学习和领会 EPLAN 的设计方法以及跨学科、跨专业的协同。

再次，在内容上，除了包括大家耳熟能详的 EPLAN Electric P8、EPLAN Pro Panel、EPLAN Harness proD 三款产品之外，还增加了 EPLAN Preplanning 的教程内容，读者可学习 P&ID、仪器仪表、工程规划设计、楼宇自动化设计等多元素设计模式。在知识面上，读者将首次通过 EPLAN 的教程学习预规划设计、电气原理设计、机柜布局布线设计、设备线束设计、可视化生产和数字化运维的全方位数字化体系，充分体验 EPLAN 为制造型企业所带来的"数字化盛宴"。在设计协同上，读者不仅可以利用 EPLAN 的不同产品从不同视角实现跨专业、跨学科的数据交互，还可以体验基于 EPLAN 云平台技术实现跨地域、跨生态的数字化项目状态跟进和修订信息共享及管理，提升设计效率，增强项目生命周期管理能力。

取法乎上，仅得其中；取法乎中，仅得其下。EPLAN 一直以"引领高效工程设计，助力中国智能制造"为愿景，通过产品和服务助力企业的高效工程设计，实现智能制造。

本套系列教程是 EPLAN 中国专业服务团队智慧的结晶，所用的教学案例均源自服务团队在为客户服务过程中所积累的知识库。为了更好地帮助读者学习，我们随教程以二维码链接的方式为读者提供学习所需的主数据文件、3D 模型、项目存档文件等。相信本套系列教程将会帮助广大读者更科学、更高效地学习 EPLAN，充分掌握数字化设计的技能，为自己的职业生涯增添厚重而有力的一笔！

易盼软件（上海）有限公司，大中华区总裁

前　言

2019 年，为了让更多用户了解 EPLAN 软件平台的基础应用操作知识，易盼软件（上海）有限公司（以下简称"易盼公司"）推出了基于不同专业设计功能的 EPLAN 系列官方教程。对于 EPLAN Pro Panel 3D 布局布线设计平台软件，易盼公司推出了《EPLAN Pro Panel Professional 官方教程》，该书基于 2.7 版本的 EPLAN 软件平台进行软件界面和操作命令讲解。从 2021 年开始，为了实现更加高效的工程设计和应用，易盼公司对整个平台进行了全面升级，升级过程中重新设计了整个平台的 UI 操作界面，采用目前全球主流的软件操作界面即 Ribbon 界面，与 Microsoft Office 软件平台类似，初学者可以更快地熟悉和理解软件界面，更快地找到所需要的功能，也可以自定义适合自身操作习惯的选项卡和命令组，使整个设计过程更加高效。

随着新版 UI 投入使用，依据早期版本的官方教程学习 EPLAN 会给读者带来诸多不便。因此，易盼公司决定基于全新的软件平台再次推出一套包括本书在内的新版官方教程。该教程将基于新发布的软件平台及全新的 UI 界面进行操作界面和操作功能的讲解，并考虑了后续版本的兼容性。

不仅如此，还根据一些读者的反馈，新版官方教程不再以基础操作为编写目的，因此本书重新构架了章节和内容，读者可以根据工程应用场景的不同，灵活选取相应的章节学习。本书将 EPLAN Pro Panel 的设计分解为独立的应用篇章，便于读者学习 EPLAN Pro Panel 的应用设计。

通过本书，读者可以了解 EPLAN Pro Panel 的核心设计思想和应用理念，也可以比较全面地了解 EPLAN Pro Panel 的多方面应用，包括新版本的基础操作、基础数据准备、实际工程应用设计以及智能制造加工设备。

本书通过四部分逐步展示 EPLAN Pro Panel 工程应用知识。这四部分内容分别是：

（1）基础操作篇

基础操作篇主要向读者介绍 EPLAN 新版本的操作界面和交互方式，以及

EPLAN Pro Panel 基本操作命令组。本篇可以让新老读者快速了解 EPLAN Pro Panel 全新版本的操作方式。

基础操作篇也向读者简单介绍了 EPLAN Pro Panel 相关的云产品，读者可通过该篇了解易盼公司的云应用服务，有利于企业的数字化建设。

（2）基础数据篇

在 EPLAN Pro Panel 中，基础数据的创建是非常重要的一环。数据的准确性与 EPLAN Pro Panel 的三大设计功能（布局、钻孔和布线）的有效实现密切相关，也是整个工程设计的质量保证。为了帮助读者掌握创建 EPLAN Pro Panel 应用的基础数据所需的知识和技能，该篇将介绍相关的基本概念、操作过程和操作实例等内容。

（3）工程设计篇

相较于上一版官方教程专注于对基础功能的讲解，本书更加侧重 EPLAN Pro Panel 的工程实践，即基于 EPLAN Pro Panel 的设计思想和应用理念。本书将从设计对象的角度来介绍 EPLAN Pro Panel 的核心应用功能，如箱柜设计、母线系统设计、元件装配设计与 3D 布线布管设计等。通过真实的设计示例，读者可以直接将 EPLAN Pro Panel 应用于工程设计当中。

（4）智能制造篇

EPLAN Pro Panel 的核心应用理念之一是推进企业实现智能化加工和生产，并帮助企业进行数字化转型。本篇是为了帮助 EPLAN 用户面向未来制造业发展趋势而推出的。本篇从智能制造角度介绍了 EPLAN Pro Panel 同智能加工自动化设备之间的数据传输和接口集成方式，并同时介绍了一种改变传统接线工艺过程的创新应用，即智能接线系统 EPLAN Smart Wiring。

由于编著者水平有限，书中难免存在疏漏之处，敬请读者批评指正。

编著者

目　录

第 3 部分　工程设计篇

第 4 部分　智能制造篇

第 1 部分　基础操作篇

第 1 章
EPLAN Pro Panel 新版软件介绍

EPLAN 于 2021 年和 2022 年分别发布了软件平台 EPLAN Platform 2022 和 EPLAN Platform 2023，从 EPLAN Platform 2022 平台开始，EPLAN 开始采用国际流行的软件版本更迭和命名方式，并采用了用户熟悉的 Ribbon 界面，后期版本也将会持续保持这种界面方式。

Ribbon 界面将所有功能有组织地集中存放，查找命令方式便捷，用户可自定义命令组合，增加了操作命令可配置性，能更好地在每个应用程序中组织命令，用户选择命令过程更高效。

早期 EPLAN 版本的使用者对于新版界面可能不习惯或有时找不到所需命令，因此本章将简单介绍新版本软件平台，让早期版本用户快速习惯和熟悉新版界面以及命令的操作方式。

1.1　EPLAN Pro Panel 软件界面及元素

EPLAN Pro Panel 新版本界面较以前版本差异很大，不再采用传统的菜单与工具栏，而是使用了与当前流行的 Windows 操作系统和 Microsoft Office 相同的界面设计风格，即 Ribbon 界面。用户可以更快地查找菜单命令，减少操作步骤，本书以最新发布的 EPLAN Pro Panel 2023 作为新版本界面参考，为读者介绍软件功能和操作命令，新版界面如图 1-1 所示。

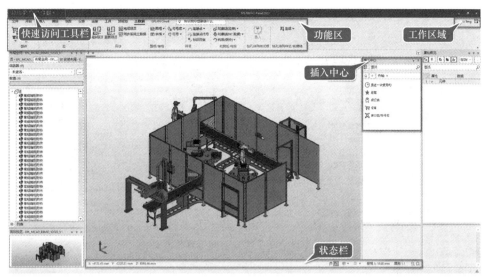

图 1-1　新版本界面

EPLAN Pro Panel 新版本界面主要设计元素如下：

1. 快速访问工具栏

新版本增加了用户可自定义的快速访问工具栏，通过快速访问工具栏，用户可以快速操作项目或者其他设计命令，如打开项目、关闭项目和标签输出等操作，以减少操作步骤，让设计过程更高效。通过快速访问工具栏中的【其他命令】菜单命令，用户可自定义该工具栏中快速访问命令的内容，如图 1-2 所示。

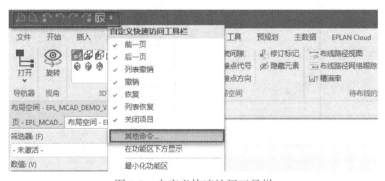

图 1-2　自定义快速访问工具栏

在开启的【自定义】快速访问工具栏对话框中，左侧为 EPLAN 操作命令选择区，右侧为快速访问工具栏的命令加载区，如图 1-3 所示。

图 1-3 【自定义】快速访问工具栏对话框

在该对话框中，单击中间的 ▶ 和 ◀ 按钮可以添加和删除快速访问工具栏中的快速访问命令，单击右侧的 ▲ 和 ▼ 按钮可以调整快速访问工具栏中操作命令的顺序，选择左侧操作命令选择区中的【＜分隔符＞】可以对快速访问命令进行分组，在左侧【选项卡】下拉列表框中可以选择【所有命令】选项或者其他选项卡中的命令，如图 1-4 所示。

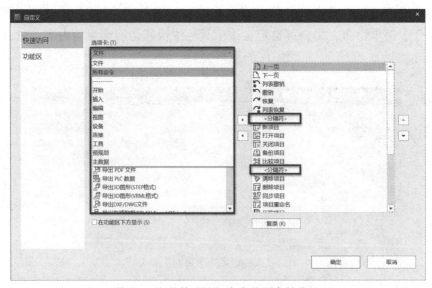

图 1-4 调整快速访问命令的顺序并分组

完成的用户自定义快速访问工具栏示例，如图 1-5 所示。

图 1-5　完成的用户自定义快速访问工具栏示例

2. 功能区

新版本中使用【功能区】替代早期版本（2.9 及之前版本）中的菜单与工具栏。在功能区中，通过选项卡来划分与任务相关的命令组。每个命令组中含有多个与当前任务相关的命令，以便用户能够更轻松地查找和操作这些命令，如图 1-6 所示。

图 1-6　功能区

新版本为了使设计操作更高效，用户可以对功能区进行自定义，右击功能区的任意位置，在弹出的快捷菜单中选择【自定义功能区】命令来定义适合自身设计习惯的功能区，定义好的功能区可以通过【导出功能区】命令导出，软件更新安装后，可以通过【导入功能区】命令导入自定义的功能区配置文件，不必反复自定义。【自定义功能区】命令如图 1-7 所示。

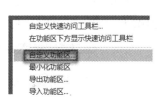

图 1-7　【自定义功能区】命令

打开的【自定义功能区】对话框，如图 1-8 所示。

图 1-8　【自定义功能区】对话框

单击【新选项卡】按钮来创建自定义功能区中的选项卡，EPLAN 会自动分配一个选项卡和命令组，并标注为【用户自定义】，如图 1-9 所示。

单击对话框中的【编辑...】按钮，可以对选项卡和命令组进行重新命名。单击【新命令组】按钮可以在新建的选项卡下添加新的命令组。单击对话框中间的 ⊳ 和 ◁ 按钮可添加或删除自定义命令组中的命令，自定义选项卡和命令组示例如图 1-10 所示。

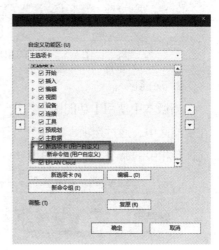

图 1-9 新建选项卡

3. 插入中心

插入中心是 EPLAN 新版本一个重要的改进点，它将早期版本（2.9 及之前版本）的插入符号、插入窗口 / 符号宏、插入设备操作功能进行了合并，同时增加了【标记符】和【收藏】命令，将某些操作过程做了应用历史管理，便于设计师更高效地设计，如图 1-11 所示。

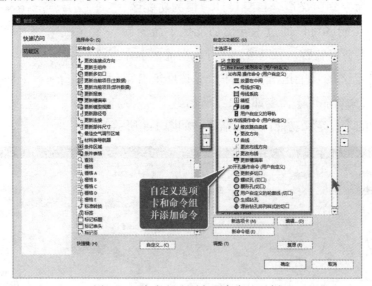

图 1-10 自定义选项卡和命令组示例

1）选择【查找】命令，可有针对性地查找所需对象，方法是输入查找对象的名称或者部件编号等信息。

2）选择【最近一次使用的】命令，将选择插入中心记住的最近使用的对象，设计过程中，如果要反复插入已使用过的对象到项目中，通过此方式会让设计过程更加简单。

3）选择【收藏】命令，可将常用对象进行管理，设计时可快速选择对象插入到项目中。

4）选择【标记符】命令，可为对象分配一个标记符。按照此方式可将特定对象"划分"到一个标识下，如划分到制造商名称下。

图 1-11 插入中心

5）选择【设备】命令，能以部件管理模式进入对象选择，用户可输入部件的编号、型号作为查找对象，也可进入对应的目录树进行部件选择，并拖放部件到原理图和布局空间设计界面中。

6）选择【窗口宏 / 符号宏】命令，能以宏管理模式进入对象选择，用户可输入宏名称作为查找对象，也可进入对应的目录树进行宏选择，并拖放宏到原理图和布局空间设计界面中。

 提示：

插入中心不考虑页宏，仅在图形编辑器中可用，在其他编辑器中不可用，如图框编辑器、表格编辑器或符号编辑器。

4. 工作区域

用户可选择工作区域中的【选择工作区域】分隔菜单栏中的工作区域项，由此可快速切换设计环境，也可以选择【编辑工作区域】命令来定义自己习惯的工作区域，并进行设计环境定义。

对于不太习惯新界面的 EPLAN 用户，也可以选择工作区域中的【转移帮助】分隔菜单栏中的【显示菜单栏】命令显示传统菜单命令，如可显示含 2.9 版"旧"菜单的菜单栏方便 EPLAN 老用户过渡学习，如图 1-12 所示。

5. 状态栏

与早期版本相比，新的状态栏进行了功能增强，不但可以显示操作状态，还增加了快捷操作功能。例如，指针位置、页比例等状态信息以及【对象捕捉】【栅格】【缩放窗口】等快捷操作命令，这些命令未包含在功能区内，而是位于此状态栏右侧，如图 1-13 所示。

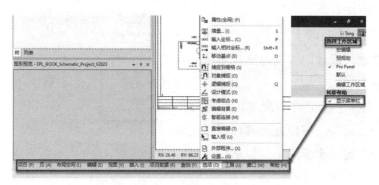

图 1-12　工作区域切换

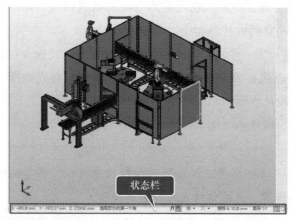

图 1-13　状态栏

1）指针位置信息显示（根据 X/Y/Z 绝对坐标参考或者 RX/RY/RZ 相对坐标参考），例如，X: -5397.81 mm　Y: -7852.51 mm　Z: 1167.10 mm 。

2）为对象捕捉开启和关闭命令。

3）为捕捉到栅格开启和关闭命令。

4）为逻辑捕捉（适用 2D）开启和关闭命令。

5）为视角（适用 3D）选择命令。

6）为栅格尺寸选择、栅格显示的开启和关闭命令。

7）图形 1:1 为页比例信息显示。

8）为缩放命令（窗口或整页）。

提示:

关于状态栏的更多说明,可查看 EPLAN 在线帮助系统 www.eplan.help。

1.2 EPLAN Cloud 产品介绍

从 EPLAN 发布新版本开始,EPLAN 便进入了云时代,在 EPLAN Platform 软件平台中增加了云产品的应用,本节将向读者介绍 EPLAN Pro Panel 的相关云产品。云技术是 EPLAN 发展的战略目标之一,EPLAN 将通过云技术向用户提供更加广阔的技术服务,这将有助于企业构建数字化设计平台。

为了应用 EPLAN 云技术,EPLAN 从新版本开始,使用了 EPLAN ID 和公司组织概念,也就是每个用户都需要有自己的 EPLAN ID 和建立自己的公司组织。用户第一次启动 EPLAN 软件时,EPLAN 将提示用户进行登录,如图 1-14 所示。

图 1-14 EPLAN 用户登录

如果用户没有 EPLAN ID,可以选择图 1-14 中的【点击这里】命令链接进入 EPLAN ID 申请对话框,如图 1-15 所示。

图 1-15　EPLAN ID 申请对话框

　　填写相关的必要信息后，将进入 EPLAN ID 申请流程，此时可以联系公司的 EPLAN 管理员，以了解申请流程，如果申请流程审批完成，则可以登录 EPLAN，如图 1-16 所示。

图 1-16　EPLAN ID 登录

　　用户可以在图 1-16 所示的对话框中，选中【使我保持登录状态】复选框，这样不用每次启动 EPLAN 都进行登录，可以在 30 天内不需要进行登录操作。

　　如果公司有多个组织，在完成登录后，会进行公司组织的选择，将进入【选择组织】对话框，如图 1-17 所示。

图 1-17　【选择组织】对话框

　　公司组织选择完成后，可以进入 EPLAN 软件中进行设计操作，界面右上角会显示用户名称，单击用户名称可显示用户信息，并可通过单击【注销】按钮退出该登录账户，如图 1-18 所示。

　　以某个公司组织下的 EPLAN ID 账户登录 EPLAN 后，就可以进行 EPLAN 云端产品的使用了，EPLAN 哪些云端产品可以使用和公司组织获取的 EPLAN 授权有关，可咨询公司的 EPLAN 管理员以了解相关信息。

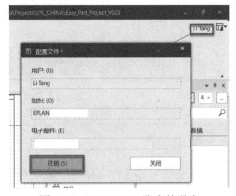

图 1-18　EPLAN ID 账户的退出

　　在 EPLAN 的新版本中创建了访问 EPLAN 云产品的接口，以最新发布的

EPLAN Pro Panel 2023 为例，EPLAN Cloud 的云产品接口如图 1-19 所示。

图 1-19　EPLAN Cloud 的云产品接口

选择【EPLAN Cloud 总览面板】命令，可打开【EPLAN Cloud】云产品总览对话框，在该对话框中，列举了所在公司组织下的云产品，如图 1-20 所示。

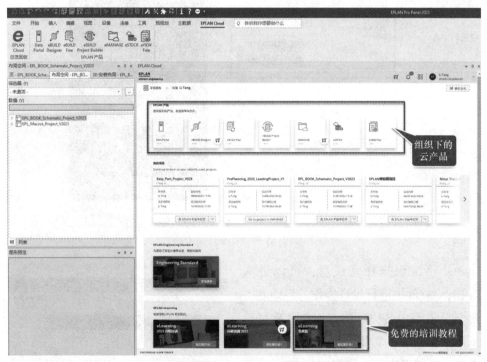

图 1-20　【EPLAN Cloud】云产品总览对话框

提示：

　　首次启动 EPLAN 时，此处仅显示带一个按钮的总览面板命令组。若通过个人 EPLAN ID 完成登录并单击该按钮，则总览面板将展开，列出所在组织下的 EPLAN 云产品。这些云产品作为附加项进行显示。选项卡中显示的命令组和命令将与总览面板同步。

关于 EPLAN 云产品，本节将为读者简单介绍与 EPLAN Pro Panel 相关的云产品，更多的 EPLAN 云产品和更详细的介绍，可通过选择【文件】→【帮助】→【内容】→【信息门户】进入 EPLAN 信息门户网站中了解更多的 EPLAN 云产品信息，如图 1-21 所示。

图 1-21　EPLAN 信息门户网站的访问

1.2.1　EPLAN Data Portal

EPLAN Data Portal 是元器件制造商和电气工程设计者之间的交流门户，也是 EPLAN 为用户提供的高质量、高标准的云端数据中心，它可以为 EPLAN 用户提供 400 多家制造商的部件主数据下载和在线使用，其中除了包含商业部件和数据外，还包含原理图宏、多语言部件信息、预览图片及技术文档等，部分制造商也提供了用于 3D Pro Panel 设计的 3D 宏、开孔数据和连接点排列样式等信息，用户下载的数据将被直接导入 EPLAN 平台的部件管理库中。

在 EPLAN Cloud 总览面板展开后，选择【EPLAN Cloud】→【Data Portal】可直接进入 EPLAN Data Portal 操作界面，如图 1-22 所示。

图 1-22　EPLAN Data Portal 云产品

EPLAN Data Portal 操作界面，如图 1-23 所示。

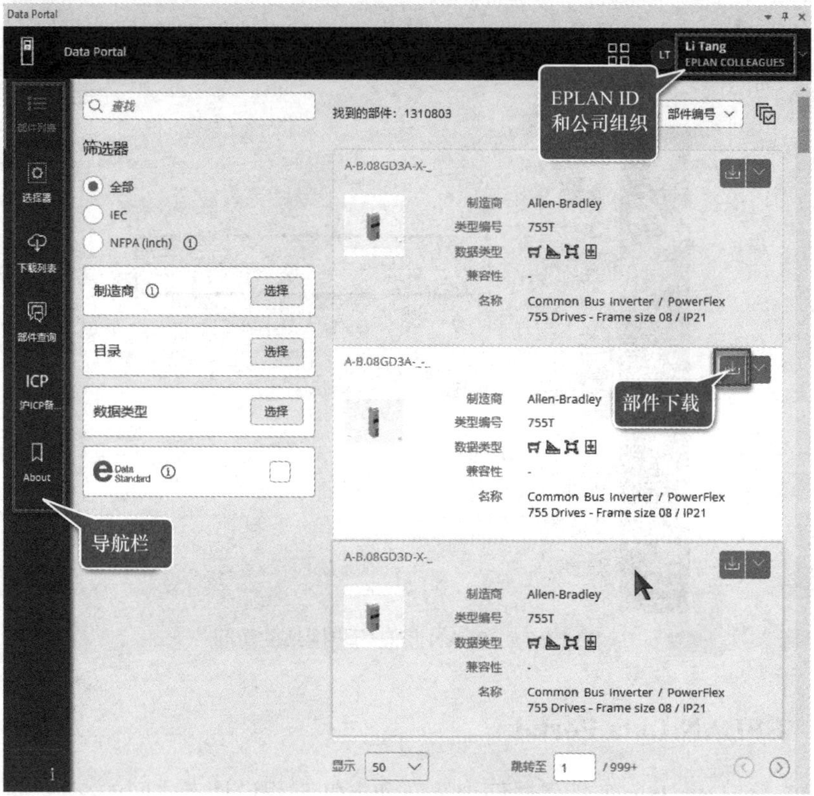

图 1-23　EPLAN Data Portal 操作界面

1. 部件列表

可在部件列表处使用筛选器对 EPLAN Data Portal 中的部件进行更详细的查找，如通过品牌、EPLAN 产品目录、数据类型（商业数、功能模板、3D 图形数据等）以及 EDS（EPLAN Data Standard）进行部件筛选和过滤，然后通过部件下载将其导入 EPLAN 平台部件管理库中。

2. 选择器

借助选择器可进行制造商的个性化配置，如 ABB 的【产品选择辅助工具】和威图的柜体选型【产品配置器】，根据产品配置下载相应的 EPLAN 数据，如图 1-24 所示。

3. 下载列表

可在下载列表中找到从部件列表中已添加的部件，并且可通过下载列表同时下载多个部件，如图 1-25 所示。

图 1-24　EPLAN Data Portal 选择器

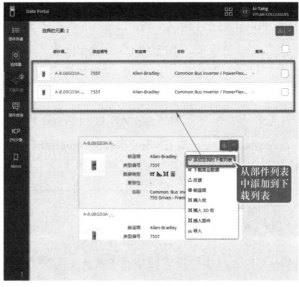

图 1-25　EPLAN Data Portal 下载列表

4. 部件查询

如果无法在 Data Portal 中找到部件，则可以使用部件查询来向制造商查询该部件。通过部件预定功能，可直接从 EPLAN 制造商订购下载部件，如图 1-26 所示。

图 1-26　EPLAN Data Portal 部件查询

 提示：

EPLAN Data Portal 对于 EPLAN Pro Panel 用户而言是非常重要的云产品，用户购买软件及服务后可从 EPLAN Data Portal 中下载含有 3D 数据的部件到本地数据库中，这将大大减少 3D 数据创建的时间，缩短 3D 数据准备周期。

可通过 EPLAN 的信息门户了解 EPLAN Data Portal 的更多信息，相关链接为 https://www.eplan.help/zh-CN/Infoportal/Content/EDP_Cloud/Content/htm/DataPortalCS_k_home.htm。

1.2.2　EPLAN eMANAGE

EPLAN eMANAGE 云产品可以方便地将 EPLAN 解决方案中创建的项目上传到 eMANAGE 云存储器中，并将其同其他用户分享；还可以定义分享项目的时间间隔，并指定用户访问项目的权限。这样就可以确定除项目管理者外谁可以下载、编辑并再次上传更新过的项目。文件夹允许对 eMANAGE 中的存储空间进行结构化和分类，从而能随时将项目发布到 eVIEW 中进行在线查看和图纸批阅。

在 EPLAN Cloud 总览面板展开后，选择【EPLAN Cloud】→【eMANAGE】可直接进入 EPLAN eMANAGE 操作界面，如图 1-27 所示。

图 1-27　EPLAN eMANAGE 云产品

EPLAN eMANAGE 操作界面如图 1-28 所示。

图 1-28　EPLAN eMANAGE 操作界面

1. 项目

通过导航栏中的项目选项，可以上传、下载和分享项目到其他用户，也可以将项目发布到 eVIEW 云产品下进行项目批阅。在结构化管理文件夹下，每个存储的项目可被施加项目处理命令，如图 1-29 所示。

图 1-29   项目处理

1）⚡命令可以打开项目，也可以选择生成较低版本的项目，eMANAGE 可以作为降版器来使用，这对于某些使用不同版本进行设计的工程公司极为有利。通过版本的降低存储，可以减少数据维护的复杂性，以应对不同客户的 EPLAN 版本需求。以 EPLAN Platform 2023 为例，它可以最低降版存储到 EPLAN 2.7 版本，如图 1-30 所示。

图 1-30   eMANAGE 生成较低版本项目

2）📋命令可以发布项目到 eVIEW 模式或者在 eVIEW 云产品中打开。通过 eMANAGE 云产品可将项目发布成 View 版本，也可将该项目通过"云"的方式进行远程协同审核和批阅。

3）✂️命令在 eMANAGE 中对上传的项目进行剪切，将其从某一个文件夹中转移到其他文件夹中。

4）🗑️命令在 eMANAGE 中对上传的项目进行删除，eMANAGE 云产品的存储空间是有限的，需要对项目进行整理和删除。

5）☰命令在 eMANAGE 中用于展开项目的详细信息，如项目名称、项目版本和创建日期等。

6）📁命令用于打开项目文件夹，浏览项目中的可参看内容，如图片、文档等。

2. 主数据

通过导航栏中的【主数据】→【上传】命令，可以上传 EPLAN 的设计主数

据到 EPLAN eMANAGE 云存储器中，并可以分享这些主数据到其他用户，其他
用户可以下载到本地主数据文件夹来使用，如图 1-31 所示。

图 1-31　eMANAGE 主数据管理

1） 为下载到 EPLAN 平台命令，可以将 eMANAGE 中存储的主数据下载
到本地主数据文件夹。

2）为分享主数据命令，可以将存储的主数据分享给某个组织中的用户并
设定权限，如图 1-32 所示。

图 1-32　eMANAGE 主数据分享及权限管理

3）为删除主数据命令，可以将 eMANAGE 中存储的主数据删除。

提示：

可通过 EPLAN 的信息门户了解 EPLAN eMANAGE 的更多信息，相关链接为 https://www.eplan.help/zh-CN/Infoportal/Content/eMANAGE/Content/htm/eMANAGE_k_home.htm。

1.2.3 EPLAN eVIEW Free

EPLAN eVIEW Free 是 EPLAN 提供的一款免费使用的云产品，通过 eVIEW 不仅可以打开和查看 EPLAN 项目，而且还可以同其他设计师一起对项目进行"云"协同批注，如"红"批和"绿"批，"红"批注信息可以回读到项目中，项目能随时随地保持最新审核状态。

eVIEW 的打开模式有两种：浏览器模式打开 eVIEW 和 EPLAN 平台模式打开 eVIEW。

1. 浏览器模式打开 eVIEW

该模式适用于图纸审阅者，并不需要 EPLAN 授权，只需要注册 EPLAN ID 并创建或者被邀请成为"公司组织"的一员即可，在浏览器中通过网址 https://apps.epulse-eplan.cn/ 登录到 EPLAN 云产品中。

登录界面如图 1-33 所示。

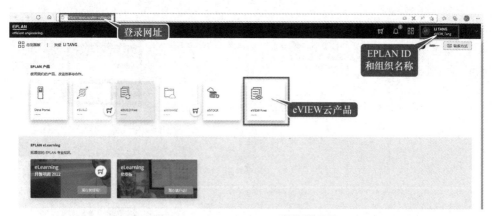

图 1-33　EPLAN eVIEW 浏览器登录

在 EPLAN Cloud 总览面板中，可选择【eVIEW Free】命令进入 eVIEW 网页版主界面中，如图 1-34 所示。

图 1-34 EPLAN eVIEW 网页版主界面

1）可通过左上角的 ✚ 命令添加将要被审阅的 EPLAN 项目，添加过程中会自动将项目存储在 eMANAGE 云产品中。

2）选择右侧 ✐ 命令可以添加审核项目的注释信息。

3）选择右侧 ◉ 命令可查看该项目被分享给公司组织中对象的信息。

4）选择上侧 打开 命令可进入项目的审核界面，如图 1-35 所示。

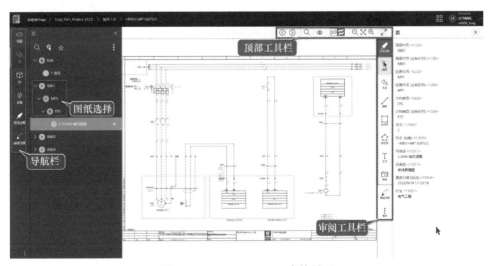

图 1-35 EPLAN eVIEW 审核界面

关于 eVIEW 的图纸批阅，重点介绍两个命令，即【红线注释】和【绿线注释】，其他命令比较直观，读者可以通过信息门户访问相关的网页，了解详细的功能说明。

1）红线注释。用户可以通过 eVIEW 云产品在项目审阅过程中发布批阅注释。这些注释对其他共享该项目的用户可见。可以通过【红线注释】功能创建注释，它包括画线元素和文本形式的注释，所有用户都可以查看。红线注释能获得批阅状态，并可以被注释。

一个红线注释可以包含多个独立元素，即所谓红线注释元素。一个红线注释可以包含的元素有长方形、文本和附件等。只需在审阅工具栏中选中【红线注释】命令，然后再添加更多的红线注释元素即可。红线注释属性窗口中列出了红线注释元素，如图 1-36 所示。

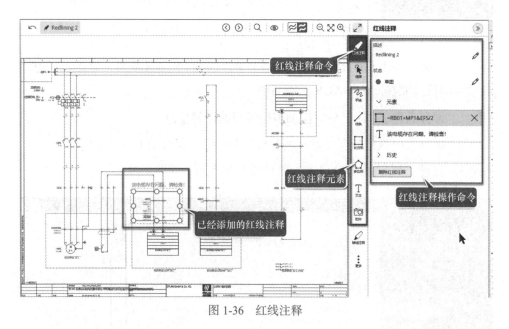

图 1-36　红线注释

在【红线注释】属性窗口中可以填写红线注释的描述、状态和注释文本等信息，也可以删除已经添加的红线注释。

2）绿线注释。在 eVIEW 云产品中，使用【绿线注释】功能可添加个人注释。绿线注释对项目审核的其他用户可见，但状态分配和注释功能不可用，如图 1-37 所示。

绿线注释相对于红线注释比较简单，其主要功能是【复选标记】命令，即对红线注释的内容进行"认同"管理。

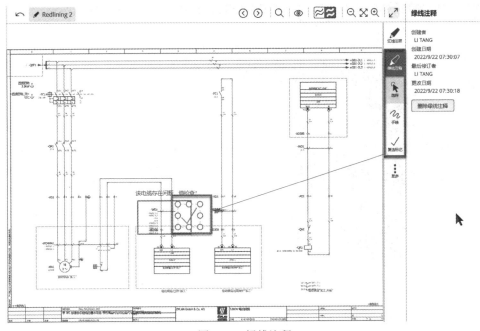

图 1-37　绿线注释

2. EPLAN 平台模式打开 eVIEW

对于设计师而言，由于有 EPLAN 的软件授权，可以直接在 EPLAN 平台中选择【EPLAN Cloud】→【eVIEW Free】命令打开 eVIEW 来查看图纸审阅结果，如图 1-38 所示。

图 1-38　EPLAN eVIEW 开启命令

在 EPLAN 平台中开启和在浏览器中开启 eVIEW，两者界面是不一样的，浏览器中类似于 PDF 阅读器，可进行图纸的"红"批和"绿"批，界面以审阅图纸为主，但在 EPLAN 平台中打开 eVIEW，是在项目图纸中直接接受了图纸的"红"批，即红线注释，而绿线注释并不在项目图纸中体现，如图 1-39 所示。

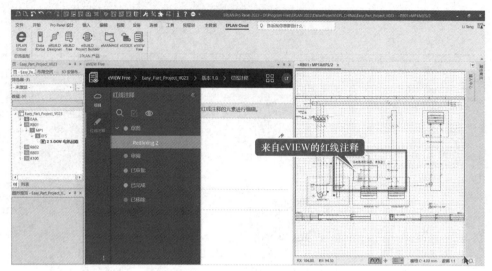

图 1-39　在 EPLAN 平台中开启 eVIEW

EPLAN eVIEW 是 EPLAN 项目审核和批阅的云产品，该产品免费释放给 EPLAN 用户，利用互联网云技术，一个项目可以进行多人远程在线审核，审核结果直接体现到设计师的项目图纸中，通过 eVIEW 也可以查看 3D 布局及布线设计结果，审核项目的用户甚至不需要购买 EPLAN 软件，整个审核过程是无纸化的，更加节能环保。关于 3D 设计结果的查看，如图 1-40 所示。

图 1-40　eVIEW 中 3D 设计结果的查看

提示：

可通过 EPLAN 的信息门户了解 EPLAN eVIEW 的更多信息，相关链接为 https：//www.eplan.help/zh-CN/Infoportal/Content/eView/Content/htm/ eVIEWCloud_home.htm。

1.2.4　EPLAN eSTOCK

EPLAN eSTOCK 提供了一个可在 EPLAN 云上管理部件的中心数据库。可以在浏览器或 EPLAN 平台上编辑部件数据并在"集合"中组织添加选中的部件，然后与公司组织中的不同用户分享部件集合。在 EPLAN 平台的部件管理中连接了 eSTOCK 的部件集合，可以随时随地访问一致的数据。

在 EPLAN Cloud 总览面板展开后，选择【EPLAN Cloud】→【eSTOCK】可直接进入 EPLAN eSTOCK 操作界面，如图 1-41 所示。

图 1-41　EPLAN eSTOCK 开启命令

EPLAN eSTOCK 操作界面如图 1-42 所示。

这里主要为用户介绍一下"集合"应用。在 EPLAN eSTOCK 中，可以将多个部件合并成一个集合，分享给公司组织中的其他成员用于不同的项目，使用集合中的部件数据进行工程设计，如图 1-43 所示。

图 1-42　EPLAN eSTOCK 操作界面

图 1-43　eSTOCK 集合

（1）创建集合

选择【集合】中的【EPLAN eSTOCK 集合】下拉菜单，进入【集合选择】对话框，如图 1-44 所示。

在该对话框中输入集合的名称，单击【创建】按钮，就可以完成集合的创建。

（2）分享集合

在【集合选择】对话框中，选择某个集合后，单击 按钮，可以将集合分享给组织中的其他成员，如图 1-45 所示。

图 1-44　eSTOCK 集合创建

图 1-45　分享集合

（3）编辑集合

在【集合选择】对话框中，选择某个集合后，单击 ![按钮] 按钮，可以编辑集合，修改集合的名称，如图 1-46 所示。

（4）导入部件到集合

在【集合选择】对话框中，选择某个集合后，单击 ![按钮] 按钮，可以导入 .edz 格式部件，如图 1-47 所示。

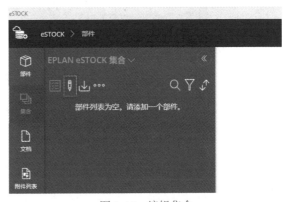

图 1-46　编辑集合

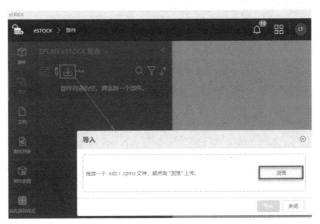

图 1-47　导入部件到集合

（5）在 EPLAN 平台中使用 eSTOCK 集合

在 EPLAN eSTOCK 云产品中创建了部件集合，并进行了集合的分享后，整个公司组织团队就可以跨区域远程协同部件数据的创建和管理，技术工程师就可以使用 EPLAN 设计平台，利用数据的共享，开始使用这些集合。在打开的 EPLAN 平台中，选择【文件】→【设置】→【用户】→【管理】→【部件】，进入部件管理设置中选择【eSTOCK 集合】单选按钮，完成 EPLAN 平台和 eSTOCK 集合的集成设置，如图 1-48 所示。

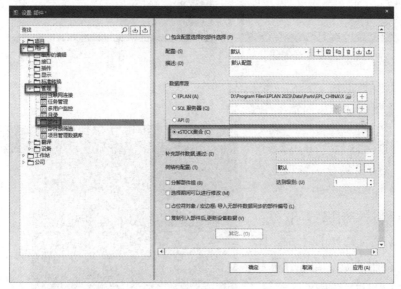

图 1-48　EPLAN 平台和 eSTOCK 集合的集成设置

EPLAN 平台连接 eSTOCK 集合成功后，可以从 EPLAN 平台端上传、更新和检查 eSTOCK 中的部件。在 EPLAN 平台中选择【主数据】→【部件】→【管理】，进入【部件管理】对话框中，单击【附加】按钮展开下拉列表框，可以看到 eSTOCK 的操作命令组，如图 1-49 所示。

 提示：

可通过 EPLAN 的信息门户了解 EPLAN eSTOCK 的更多信息，相关链接为 https://www.eplan.help/zh-CN/Infoportal/Content/eSTOCK/Content/htm/eSTOCK_k_home.htm。

图 1-49　【部件管理】对话框

第 2 章
EPLAN Pro Panel 操作命令概览

由于采用了 Ribbon 界面，EPLAN Pro Panel 新版本中操作命令的界面布局相对于早期版本有了很大的变化，很多早期版本的 EPLAN Pro Panel 用户不习惯新版本界面，可能不容易找到相关操作命令。为了便于读者快速熟悉 EPLAN Pro Panel 新版本的操作命令，本章将介绍 EPLAN Pro Panel 新版本的命令概览及命令的简单描述。

2.1 EPLAN Pro Panel 导航器相关操作命令

在 EPLAN Pro Panel 中有三个比较重要的导航器应用，为了便于读者快速找到导航器开启命令，以下分别列出三个导航器开启命令所在的界面位置。

1.【3D 布局空间】导航器

【3D 布局空间】导航器是 EPLAN Pro Panel 在 3D 设计中重要的导航器之一，其开启和关闭命令，如图 2-1 所示。

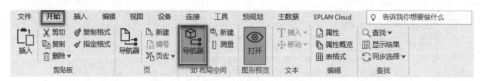

图 2-1 【3D 布局空间】导航器的开启和关闭命令

在其命令组【3D 布局空间】中也包含了布局空间【新建】命令以及用于装配距离测量的【测量】命令。

2.【3D 安装布局】导航器

【3D 安装布局】导航器也是 EPLAN Pro Panel 在 3D 设计中重要的导航器之一，其开启和关闭命令，如图 2-2 所示。

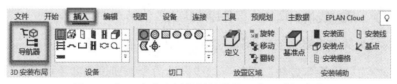

图 2-2　【3D 安装布局】导航器的开启和关闭命令

3.【连接】导航器

【连接】导航器在 3D 设计中用于 3D 布线处理，作为 EPLAN Pro Panel 的关键导航器之一，其开启和关闭命令如图 2-3 所示。

图 2-3　【连接】导航器的开启和关闭命令

2.2　EPLAN Pro Panel 3D 布局相关操作命令

1. 机械类部件放置命令

选择【插入】→【设备】命令组中的命令，可插入机械类的部件用于 3D 布局设计，如图 2-4 所示。

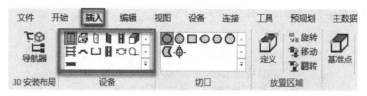

图 2-4　机械类部件放置命令

1）![图标]为插入箱柜，即插入部件库中的箱体和柜体。

2）![图标]为插入附件，即插入装配体的附件，该装配体在部件库中具有附件装配管理。

3）![图标]为插入安装板，即单独插入安装板部件。

4）▋为插入自由安装板，即插入一个可自由定义尺寸的安装板，用于布局设计。

5）▋为插入安装导轨，即插入部件库中定义的安装导轨或 DIN 轨。

6）◢为插入线槽，即插入部件库中定义的线槽。

7）▤为插入母线系统，即插入部件库中定义的母线系统。

8）⌒为插入折弯母线，即折弯母线设计命令，通过该命令可设计母线折弯的形式，然后通过母线折弯的其他处理命令进一步处理设计细节。

9）▭为插入 C 型导轨，即插入部件库中定义的 C 型导轨，如电缆夹钳轨。

10）▋为插入用户自定义导轨，该命令可以插入可变长度的自定义类型的导轨。

11）⟲为插入电缆 / 软管夹，即插入布线电缆的固定管夹部件。

12）◠为插入电缆 / 软管扎带，即插入布线电缆的扎带部件。

13）▬为插入电缆 / 软管保护套管，即插入布线电缆的护套部件。

 提示：

以上操作的命令的详细说明，请参看 EPLAN 在线帮助系统：www.eplan.help。

---

2. 3D 布局选项命令

选择【插入】→【选项】命令组中的命令，可在 3D 数据设计过程中让布局设计更快捷简单，如图 2-5 所示。

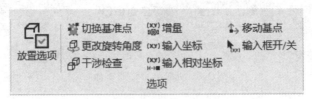

图 2-5　3D 布局选项命令

3. 3D 视角命令

选择【视图】→【3D 视角】命令组中的命令，可在 3D 布局设计过程中切换设计视角，检查 3D 布局设计的准确性，如图 2-6 所示。

图 2-6　3D 视角命令

1）为 3D 视角上视图，即以上视图视角查看 3D 对象。

2）为 3D 视角下视图，即以下视图视角查看 3D 对象。

3）为 3D 视角左视图，即以左视图视角查看 3D 对象。

4）为 3D 视角右视图，即以右视图视角查看 3D 对象。

5）为 3D 视角前视图，即以前视图视角查看 3D 对象。

6）为 3D 视角后视图，即以后视图视角查看 3D 对象。

7）为西南等轴视图，即以西南轴向视角查看 3D 对象。

8）为东南等轴视图，即以东南轴向视角查看 3D 对象。

9）为东北等轴视图，即以东北轴向视角查看 3D 对象。

10）为西北等轴视图，即以西北轴向视角查看 3D 对象。

提示:

　　在 EPLAN Pro Panel 中，3D 视角的操作比较简单，但为了确保整个设计过程中装配视角一致，建议固定一个装配视角，EPLAN 推荐【东南等轴视图】作为默认装配视角。

4. 3D 铜排折弯和图形编辑命令

　　选择【编辑】→【图形】命令组中的命令，可在 3D 布局设计过程中对铜排进行折弯设计，也可以对线槽和安装导轨进行长度的更改，以及对箱柜 3D 处理快速解析，如图 2-7 所示。

图 2-7　图形编辑命令组

提示：

【图形】命令组包含了多种类型的 3D 设计命令，其具体操作会在后续篇章中进行详细解读，读者也可以通过 EPLAN 在线帮助系统 www.eplan.help 查询详细的操作信息。

2.3 EPLAN Pro Panel 3D 开孔设计操作命令

1. 手工钻孔设计命令

选择【插入】→【切口】命令组中的命令，可在 3D 布局设计过程中进行手工钻孔设计，如图 2-8 所示。

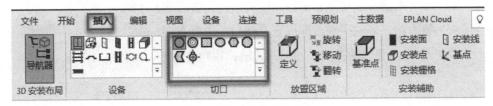

图 2-8　手工钻孔设计命令

1）⬤为钻孔命令，即安装板的钻孔开孔设计。

2）◎为螺纹孔命令，即安装板的螺纹孔开孔设计。

3）▢为长方形孔命令，即安装板的长方孔开孔设计，该命令包含圆角、倒角和直角类型。

4）◎为腰形孔命令，即安装板的腰形孔开孔设计。

5）⬡为六边形孔命令，即安装板的六边形孔开孔设计。

6）⯃为八边形孔命令，即安装板的八边形孔开孔设计。

7）◀为用户自定义的轮廓线开孔命令，即安装板的异形自定义轮廓线开孔设计。

8）✥为钻孔排列样式开孔命令，即安装板的组合性开孔设计，如长方形孔＋螺纹孔的组合性开孔设计。

提示：

以上操作的命令的详细说明，请参看 EPLAN 在线帮助系统：www.eplan.help。

2. 自动钻孔设计命令

选择【视图】→【布局空间】→【钻孔视图】命令，可在 3D 布局设计过程中进行自动钻孔设计，如图 2-9 所示。

图 2-9　自动钻孔设计命令

2.4　EPLAN Pro Panel 3D 布线设计操作命令

1. 3D 布线设计命令

选择【编辑】→【待布线的连接】命令组中的命令，可进行 3D 布线设计，如图 2-10 所示。

图 2-10　3D 布线设计命令

2. 3D 布线路径设计命令

选择【插入】→【布线帮助】命令组中的命令，可进行 3D 布线路径设计，如图 2-11 所示。

图 2-11　3D 布线路径设计命令

提示：

以上操作的命令的详细说明，请参看 EPLAN 在线帮助系统：www.eplan.help。

2.5　EPLAN Pro Panel 3D 数据制作操作命令

1. 3D 宏数据装配逻辑定义命令

选择【插入】→【放置区域】和【安装辅助】命令组中的命令，可进行 3D 宏数据装配逻辑定义的设计，如图 2-12 所示。

图 2-12　3D 宏数据装配逻辑定义命令

2. 3D 宏数据布线逻辑定义命令

选择【插入】→【连接点】命令组中的命令，可进行 3D 宏数据布线逻辑定义的设计，如图 2-13 所示。

图 2-13　3D 宏数据布线逻辑定义命令

 提示：

以上操作的命令的详细说明，请参看 EPLAN 在线帮助系统：www.eplan.help。

第 2 部分　基础数据篇

第 3 章
部件创建基本概念

本章将简要介绍 EPLAN 软件平台在创建 Pro Panel 相关部件数据时需要了解的基本概念。掌握基本的概念是创建 EPLAN 3D 图形宏的基础。下面将介绍关于宏、元件基本属性、设备逻辑、轮廓线、连接点信息基础、安装数据的输入与文件关联等诸多概念，为后续的基础数据创建及应用做好准备。本章的内容可以作为基本概念，供后续章节操作过程中查阅。

3.1 宏、宏项目与宏导航器

宏是 EPLAN 实现高效工程应用的重要基石。EPLAN 的宏包括了变量和表达类型等概念，通过宏可以实现便捷的工程应用、高质量的数据管理和高效的图纸生成等。结合 EPLAN 的宏项目和宏导航器，可以有效地生成、管理和应用宏文件。

3.1.1 宏

EPLAN 的宏将原理图的一部分或者 3D 布局中的图形保存为一个本地的文件，以便实现如下的目的：

1）使被保存的原理图或者机械模型被重复使用。

2）这些内容被保存为宏文件以便其他情况调用，如自动原理图生成。

3）通过占位符对象以数据集的方式批量修改其中的数据（针对原理图宏）。

4）将宏的多种表达类型放置于一个文件之中，以适用于特殊应用场景（如关联部件）等。

EPLAN 的宏分为窗口宏（*.ema）、页宏（*.emp）和符号宏（*.ems）。每个窗口宏、符号宏可以采用不同的表达类型和变量。

由于本书主要介绍 EPLAN Pro Panel 软件的工程应用，因此本章主要探讨表达类型为 3D 安装布局的宏，它们属于窗口宏，称为 3D 图形宏。

3.1.2 宏项目

EPLAN 创建的项目分为原理图项目和宏项目：原理图项目用于实际的工程应用；宏项目则用于方便地创建宏与管理宏。虽然 EPLAN 软件平台内嵌了右键生成宏的方式，但是为了保证工程应用的知识管理与传承、减少创建宏的错误率，加速创建宏的效率，这里推荐采用宏项目来创建宏。

宏项目中引入了宏边框来保证宏的范围和位置限定，并内嵌了自动生成宏的功能，实现了一键生成项目中所有宏的功能。为了保证创建宏的准确性，原理图图形在宏项目中与在原理图项目中的显示以及连接方式存在不同，详情请参阅帮助。在宏项目之中，也具有自动生成钻孔排列样式 / 轮廓线的功能。

在 EPLAN Pro Panel 软件之中，布局空间和布局空间导航器被用于创建和生成 3D 图形宏。

作为项目类型的【宏项目】与【原理图项目】可通过项目属性来设定，如图 3-1 所示。

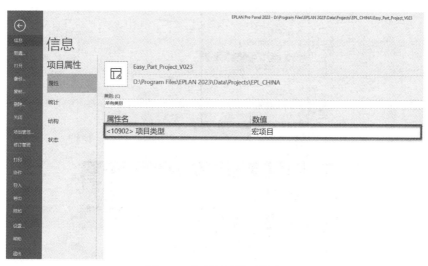

图 3-1　宏项目的类型设定

3.1.3　宏导航器

由于 EPLAN 的宏具有不同的形式（窗口宏、页宏和符号宏），同时具有不同的变量和表达类型，为了更加清晰地展示和管理宏，推荐使用宏导航器。在宏导航器中，宏可以以树状结构或者列表结构展示。宏的存储路径、表达类型和变量可以被清晰地展示出来。

在宏项目中，宏导航器可以展示生成宏时宏文件保存的所有表达类型和变量。在原理图项目中，则仅显示已插入的符号宏 / 窗口宏的表达类型和变量。

在宏导航器中可以快速地编辑宏的属性，也可以显示占位符对象。通过【转到（图形）】命令，可以与 2D/3D 图形编辑器快捷地交互。通过内嵌的筛选器，可以快速筛选符合需求的宏。内嵌的自动生成宏功能则可以与宏导航器结合，生成所选区域的所有宏文件。宏导航器及相关操作命令如图 3-2 所示。

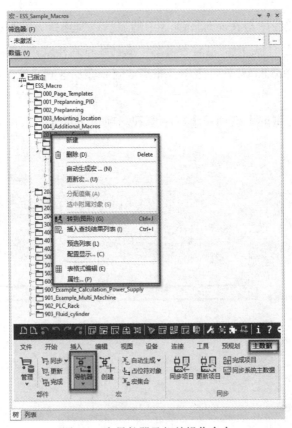

图 3-2　宏导航器及相关操作命令

提示：

　　采用宏项目与宏导航器结合来创建宏，是准确、高效生成宏文件的必备条件。在创建宏的过程中，推荐结合使用宏项目与宏导航器，以便捷、高效地生成所需的宏文件。

3.2　元件基本属性

　　在 EPLAN 的软件框架之中，逻辑和图形数据是分开管理的。这种方式将为企业基于计算辅助开发的工程应用带来诸多优势。在工程应用中，仅有图形信息是无法详细描述一个元件的逻辑信息的。不论是创建原理图宏或者创建 3D 图形宏，元件的功能定义都是不可或缺的。

　　本节主要介绍 EPLAN 软件平台基于 EPLAN Pro Panel 3D 图形宏创建的应用场景。当一个 3D 模型被导入布局空间以后，首先需要为它设定功能定义、组件和层，为其将来的 3D 仿真布局应用打好基础。

3.2.1　功能定义

　　功能定义表达了一个功能的标准特性。EPLAN 软件平台已经建立了一个标准的功能定义库，根据行业、范围、类别、组和功能定义等内容，以层级管理的方式组织在一起。因此，功能定义库包含了市场上应用率最高和最常见的功能定义内容，使用者不必再自行创建或者扩展。

　　在创建 3D 图形宏的时候，需要为导入的元件从功能定义库中指定正确的功能定义，确保后续的工程设计和报表生成等环节的正确应用和输出。

　　对于 3D 图形宏的应用，设定的功能定义主要来自于功能定义库中【常规】类别下的【常规特殊功能】和【机械】类别下的各个功能。【机械】类别的功能定义如图 3-3 所示。

3.2.2　组件

　　对于机械类设备，组件位于功能定义之中的下一层，用于描述产品的细节。在机械类产品的【属性（元件）：部件放置（3D）】对话框之中，可以为元件指定组件信息。

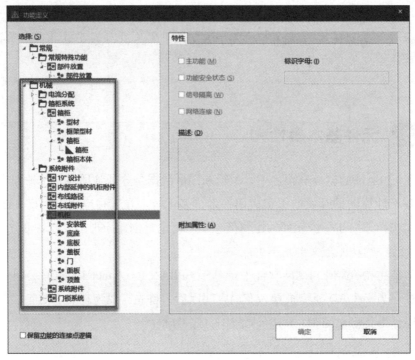

图 3-3　【机械】类别的功能定义

图 3-4 所示为【门的组件选择】对话框。在功能定义的下一层，可以看到门、左门和右门等不同的组件选择。

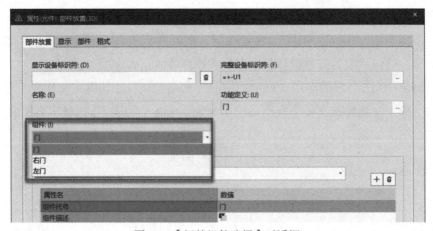

图 3-4　【门的组件选择】对话框

3.3 设备逻辑

在布局空间中对机械或者电气设备做仿真布局时，为了实现高效、准确地布局，必须为设备的 3D 图形宏定义一系列的设备逻辑。对于已经正确完成设备逻辑定义的设备，可以实现：

1）在布局空间中或者在其他设备上放置此设备。

2）在此设备上根据工程所需放置其他的设备。

3）所有被放置的设备将在布局空间中形成相应的逻辑结构。

对于不同应用场景的设备，其所需定义的设备逻辑是不同的，但是为了保证设备的正确放置，至少需要为其定义放置区域。这里推荐在宏项目之中定义设备逻辑。

3.3.1 放置区域

放置区域是在元件的 3D 模型上定义的一个平面，在此平面上，对象可以被自动地放置和对齐。元件的放置区域将决定元件放置的位置和放置的方向。

图 3-5 所示即为急停按钮定义的放置区域。在宏项目之中，放置区域将被绿色的平面表示。在这里，急停按钮的安装位置位于放置区域这个位置，其安装的方向为垂直于放置区域的方向，也就是左下角坐标轴中 Z 轴（在布局空间中为蓝色的箭头）的反方向。

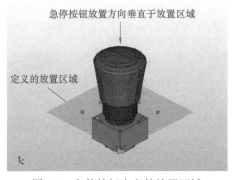

图 3-5 急停按钮定义的放置区域

图 3-5 彩图

当元件被放置于目标设备上或者布局空间中时，放置区域的设备逻辑将发挥作用，如图 3-6 所示，将急停按钮这个元件放置于一个机柜的门上。门的外表面将是目标的安装面。定义的放置区域将决定此元件被放置的具体位置。被定义于放置区域以下的部分将被嵌入安装面之下。元件也将按照垂直于放置区域的方向被放置于目标的安装面上。

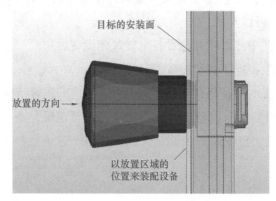

目标的安装面

放置的方向

以放置区域的
位置来装配设备

图 3-6　放置区域与安装面的匹配

因此，当为一个元件定义放置区域和设备逻辑时，需要同时考虑这个设备在装配时的位置和方向。图 3-7 所示为定义放置区域的相关指令，我们将在后面的操作实例中介绍具体的操作方法。

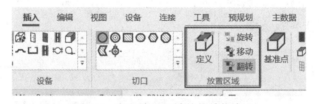

图 3-7　定义放置区域的相关指令

3.3.2　基准点

基准点是元件的 3D 图形上用于在元件被放置时跟随指针移动的点，以便于在布局空间中或者其他 3D 元件上捕捉目标点以放置元件。基准点可分为系统默认的基准点和用户自定义的基准点。

当一个元件的放置区域被定义时，基于其分界边缘的角点和中点将自动生成系统默认的基准点，如图 3-8 所示。

除了系统默认的基准点，一个元件的 3D 图形宏还可以让用户自定义一个基准点。用户自定义的基准点可以与默认的基准点重合，也可以独立选择位置。在放置区域上，元件正中位置定义了基准点。当用户设置中的 2D 图形采用白色背景配置时，用户自定义的基准点的颜色是橙色立方体，系统默认的基准点的颜色是蓝色立方体。图 3-9 所示为一个用户自定义的基准点。

图 3-8　系统默认的基准点　　　　　图 3-9　用户自定义的基准点

用户自定义的基准点包含逻辑关联功能，可用于分配安装点以简化元件的装配，将在后续实例中介绍其使用的方式。

 提示：

　　用户自定义的基准点将作为插入设备时默认的控制点，通过快捷键〈A〉（英文输入法状态）可以切换其他的基准点。

3.3.3　安装面

安装面是一个平面的定义，在定义好的安装面上可以放置其他的元件。对于已经定义好的安装面，可以通过自动捕捉的方式让元件自动定位安装面来辅助放置；也可以通过激活指定安装面的方式，让元件放置于该安装面之上，无须自动捕捉。

安装面可以通过定义设备逻辑菜单来人为指定。对于箱柜组件（如门、安装板和箱柜本体等），也可以通过自动生成的方式来快速定义。

可以为安装面指定锁定区域来防止元件错误放置。安装面的大小限制了元件的可放置区域的大小。

对于需要数控加工（Numerical Control，NC）的安装面（如箱柜的门安装面需要在门上开孔，用于安装指示灯或者按钮），则需要为其指定区域大小。区域大小定义了从数控加工生产技术角度所需要的安装面尺寸。数控加工机器始终从一个原点出发来确定待制钻孔和铣削处的坐标。通过区域大小告知机器组件的大小、加工的部分以及机器上待加工面的大小。区域大小必须手工操作指定确认，没有确认区域大小的安装面将无法生成钻孔的相关信息。

在门的外表面定义的安装面如图 3-10 所示。

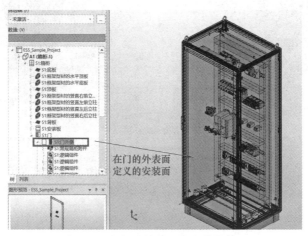

在门的外表面
定义的安装面

图 3-10   在门的外表面定义的安装面

3.3.4   安装点

安装点是一个点的定义，定义好的安装点可以作为捕捉点来放置其他元件。

定义好的安装点将建立一个单位坐标。这个坐标与被放置元件的放置区域定义坐标对应。定义安装点时，通过选择平面来定义放置于此安装点上元件的 Z 轴方向；通过旋转安装点坐标轴的 X-Y 平面可以调整待放置元件的安装角度。

图 3-11 所示为在接触器上表面定义了一个安装点，用于安装此接触器的辅助模块。

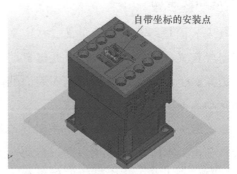

自带坐标的安装点

图 3-11   在接触器上表面定义一个安装点

3.3.5 装配线

装配线是线的定义，一般定义于不可变长度的元件上。在装配线上放置的设备可以被旋转，以放置于此元件之上。

在图 3-12 中，固定长度的导轨上定义了装配线，用于其他设备的装配。

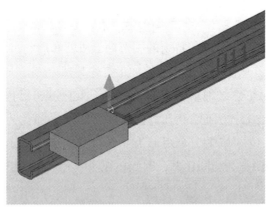

图 3-12 装配线示意图

3.3.6 安装栅格

安装栅格为安装网格的定义，模拟安装梁上等间距的安装模数孔，可在栅格上放置其他元件。安装栅格只能被定义于平面上，且只能在栅格的交叉点上放置其他元件。

在图 3-13 中，三个不同平面上定义了安装栅格。

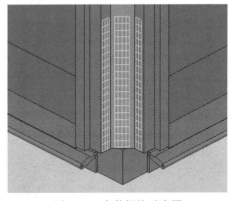

图 3-13 安装栅格示意图

3.4 轮廓线

轮廓线是 EPLAN Pro Panel 在特殊应用场合下使用的主数据，包括轮廓线（NC 数据）和轮廓线（拉伸）两种。在工程应用时，轮廓线将被保存为独立的文件并存于主数据宏路径变量下的目录之中。

3.4.1　轮廓线（NC 数据）

EPLAN Pro Panel 支持标准的几何形状的数控加工图形切口。这些图形切口包括钻孔、螺纹孔、长方形（直角、倒斜角、倒圆角）、腰形孔、六边形和八边形等。但是，实际工程中，有些设备可能需要一些特殊形状的切口才能安装。为了定义一些特殊形状的切口，可以通过轮廓线（NC 数据）绘制出来。

通过轮廓线（NC 数据）绘制的图形为一条封闭的轮廓线，其扩展名为 *.fc1。

轮廓线（NC 数据）可以与特定的制造商、机器和启动过程等关联，应确定轮廓线的加工步骤，从而为自动化数控加工打好基础。

图 3-14 所示为轮廓线编辑器中的轮廓线（NC 数据）与实际设备生成的开孔的对比。红色的部分为需要开孔的区域。右侧四个圆孔为额外定义的钻孔，与轮廓线无关。红色区域中三个矩形为元件自身的组件显示，与轮廓线无关。左右两个视图并未调整为相同比例，因此在视图中大小并不相等。

 提示：

在建立轮廓线时，需要按照与所需轮廓线开孔尺寸 1∶1 的方式创建。

 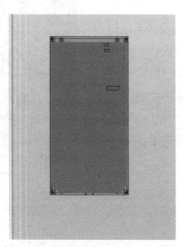

图 3-14　轮廓线（NC 数据）与实际设备生成的开孔的对比　　图 3-14 彩图

3.4.2　轮廓线（拉伸）

以轮廓线（拉伸）图形为基础，基于轮廓线的原点，工程师可以创建一个用户自定义导轨。用户自定义导轨的使用方法与在 EPLAN Pro Panel 之中常规导轨和线槽的使用方法相同。用户自定义导轨的横截面由轮廓线（拉伸）中的基本图形来确定，导轨相对于安装面的位置则由轮廓线图形的原点来确定。

轮廓线（拉伸）的文件扩展名为 *.fc2。

图 3-15 所示为在轮廓线编辑器中绘制了一条轮廓线，其中①点为轮廓线的原点，它将形成导轨放置的基准点。以通过①点的竖向线条来建立此轮廓线的放置区域，当拖动此轮廓线创建用户自定义导轨时，安装导轨将会以此竖向线条形成的放置区域放置于安装面上。

图 3-16 中，将上述轮廓线形成的用户自定义导轨放置于安装面时，可以基于轮廓线自由拉伸，并且其放置位置由轮廓线的原点定义。这里展示了水平和垂直两个不同的用户自定义导轨。

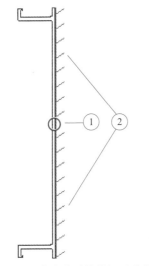

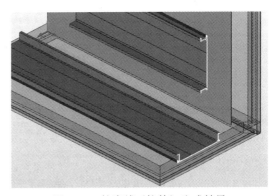

图 3-15　轮廓线（拉伸）示意图　　　　图 3-16　轮廓线（拉伸）生成结果

在轮廓线上也可以为轮廓线定义设备逻辑。这样，其他设备可以根据需要安装于此用户自定义导轨之上，生成数控加工数据、布线孔和出线孔等。

1. 数控加工数据计算基础

数控加工数据可以帮助企业建立智能加工和生产的数据基础，也可以帮助企业快速生成人工生产工艺文档。在 EPLAN 中，一个元件的数控加工数据称为钻孔排列样式。如果为所有元件的部件定义了钻孔排列样式，当它们在 EPLAN Pro Panel 之中布局以后，所有的数控加工数据也可以在安装面自动生成。这样，重复的生产工艺文档创建工作将被节省，并形成高效且具有一致性的生产数据，避免错误。

定义钻孔排列样式需要按照指定规则将元件的信息输入钻孔排列样式列表之中。图 3-17 所示为一个基本的钻孔排列样式示例。对于不同的钻孔类型，需要为它们指定相应的 X/Y 位置和第一 / 二 / 三个尺寸信息，这些信息对于准确地设定钻孔信息特别重要，本节将着重介绍这些钻孔信息的计算方式，其他的信息将在后续的实例中介绍如何填写。本节可在后续创建钻孔排列样式时参考查阅，如果第一次阅读可以暂时略过。

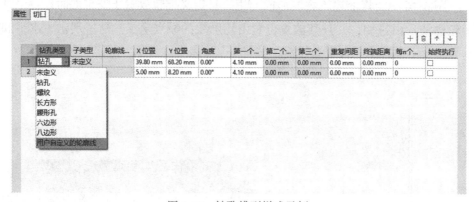

图 3-17　钻孔排列样式示例

2. 钻孔类型

通过下拉列表选择钻孔类型，分别是未定义、钻孔、螺纹、长方形、腰形孔、六边形、八边形、轮廓线、子类型（当钻孔类型是【长方形】时，可以选择更多的子类型）、直角、倒角、圆角。

3. 第一个尺寸 / 第二个尺寸 / 第三个尺寸信息

钻孔的尺寸大小，取决于所选的钻孔类型，见表 3-1。

表 3-1　钻孔类型

钻孔类型	第一个尺寸	第二个尺寸	第三个尺寸
钻孔	直径	—	—
螺纹	直径	—	—
长方形（子类型"直角"）	高度	宽度	—
长方形（子类型"倒角"）	高度	宽度	倒角宽度

（续）

钻孔类型	第一个尺寸	第二个尺寸	第三个尺寸
长方形（子类型"圆角"）	高度	宽度	圆半径
腰形孔	高度	宽度	—
六边形	边缘长度	—	—
八边形	边缘长度	—	—

4. 轮廓线名称

当钻孔类型为轮廓线时，在此处指定轮廓线的路径和文件名。

5. 重复间距

对于可变长度的设备，在此处输入钻孔之间的间距（可以做到钻孔的距离）。

6. 终端距离

对于可变长度的设备，在此处输入最后一个钻孔与对象右边缘的最小间距。

7. 每 n 个洞钻孔

对于可变长度的设备，可以确定相隔几个重复间距来实际钻孔，比如输入"4"表示每隔 4 个开孔位置可以钻孔。实际钻孔的间距为重复间距与此参数的乘积。

8. 始终执行

如果【始终执行】复选框被选中，则始终在安装面上执行所选的开孔，即使此设备并未安装在安装面上。比如当一个元件安装于导轨之上，如果选中了【始终执行】复选框，则软件将根据安装的逻辑结构查询下一个安装面并执行生成开孔数据；如果不选中，则仅当设备放置于安装面时，才会在此安装面上生成开孔数据。

下面将对钻孔所需的信息计算方法做详细的说明。为了计算 X/Y 位置的数值，首先需要介绍产品原点的定位。原点的定位以元件的 3D 模型外轮廓剪影为基础。元件的原点位于其 3D 模型左下角的极限位置，这个位置与元件的设备逻辑中用户自定义的"基准点"的位置无关。一般制造商的产品说明书会绘制出实际产品的外轮廓剪影并标注开孔所在的相对位置。钻孔排列样式的数据为平面数据，因此原点的位置与安装的纵向深度无关。

> **提示：**
>
> 外轮廓与轮廓线是两个不同的概念。外轮廓指的是产品的外部轮廓曲线，轮廓线指的是产品内部为了表示开孔而绘制的封闭曲线。

对于矩形外轮廓，其原点位置比较容易确定。如图 3-18 所示，对于一个冷却单元设备，其原点位置位于冷却单元外轮廓剪影的左下角。

对于曲线外轮廓，其原点位置位于实际 3D 模型外部，如图 3-19 所示，令产品的最大外轮廓为圆形，则原点位于其左下角的极限位置。

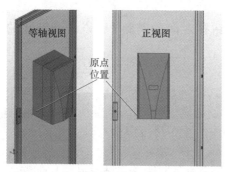

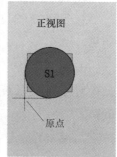

图 3-18　矩形轮廓设备原点位置示意图　　　　图 3-19　曲线轮廓设备原点位置示意图

3.4.3　钻孔 / 螺纹孔的尺寸计算

对于钻孔 / 螺纹孔，仅需要输入孔中心相对于原点的 X/Y 位置以及第一个尺寸。第二个和第三个尺寸被禁用。图 3-20 中只展示了钻孔和螺纹孔排列样式的样例，与后面的尺寸示意图没有关系。后面其他类型的开孔示意图也适用同样的规则。

图 3-20　钻孔和螺纹孔的尺寸输入

在图 3-21 中，以外部填充区域表示设备的外轮廓，以中间圆形区域表示需要的钻孔 / 螺纹孔（两种孔在钻孔视图中的颜色不同）。其中需要填充的尺寸描述见表 3-2。

表 3-2 钻孔和螺纹孔的尺寸描述

尺寸名称	计算方法描述
钻孔类型	钻孔 / 螺纹
X 位置	孔的圆心相对于原点的 X 轴方向距离
Y 位置	孔的圆心相对于原点的 Y 轴方向距离
第一个尺寸	钻孔的直径 / 螺纹孔的标称直径

钻孔和螺纹孔的尺寸示意如图 3-21 所示。

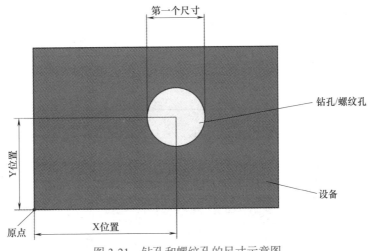

图 3-21 钻孔和螺纹孔的尺寸示意图

3.4.4 长方形孔尺寸的计算

对于长方形孔，需要根据实际情况来确认是否需要用到所有的三个尺寸。第三个尺寸用于设定长方形孔是否倒角。如果不需要倒角，则子类型选择直角，这时第三个尺寸禁用；如果需要倒角，则根据实际情况选择倒角或者圆角，并选择倒角宽度或者倒角半径。典型的长方形孔的尺寸输入如图 3-22 所示。

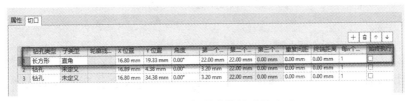

图 3-22 长方形孔的尺寸输入

长方形孔的尺寸描述见表 3-3。

表 3-3　长方形孔的尺寸描述

尺寸名称	计算方法描述
钻孔类型	长方形
子类型	直角 / 倒角 / 圆角
X 位置	孔的图形中心相对于原点的 X 轴方向距离
Y 位置	孔的图形中心相对于原点的 Y 轴方向距离
角度	长方形旋转的角度
第一个尺寸	长方形的高度
第二个尺寸	长方形的宽度
第三个尺寸	倒角半径 / 倒角宽度

长方形孔的尺寸示意如图 3-23 所示。

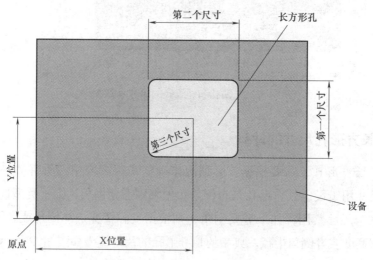

图 3-23　长方形孔的尺寸示意图

3.4.5　腰形孔尺寸的计算

腰形孔需要确定第一个和第二个尺寸。第二个尺寸是总体形状宽度，包括了圆弧占有的横向宽度。典型的腰形孔的尺寸输入如图 3-24 所示。

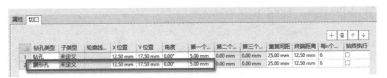

图 3-24 腰形孔的尺寸输入

腰形孔的尺寸描述见表 3-4。

表 3-4 腰形孔的尺寸描述

尺寸名称	计算方法描述
钻孔类型	腰形孔
X 位置	孔的图形中心相对于原点的 X 轴方向距离
Y 位置	孔的图形中心相对于原点的 Y 轴方向距离
角度	腰形孔旋转的角度
第一个尺寸	腰形孔的高度
第二个尺寸	腰形孔的宽度

腰形孔的尺寸示意如图 3-25 所示。

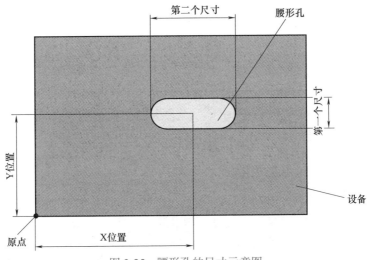

图 3-25 腰形孔的尺寸示意图

3.4.6 六边形孔尺寸的计算

六边形孔仅需要输入一个尺寸即可，但是需要设定旋转的角度参数。典型的六边形孔的尺寸输入如图 3-26 所示。

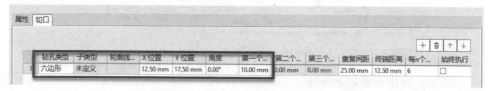

	钻孔类型	子类型	轮廓线...	X位置	Y位置	角度	第一个...	第二个...	第三个...	重复间距	终端距离	每n个...	始终执行
1	六边形	未定义		12.50 mm	17.50 mm	0.00°	10.00 mm	0.00 mm	0.00 mm	25.00 mm	12.50 mm	6	☐

图 3-26   六边形孔的尺寸输入

六边形孔的尺寸描述见表 3-5。

表 3-5   六边形孔的尺寸描述

尺寸名称	计算方法描述
钻孔类型	六边形孔
X 位置	孔的图形中心相对于原点的 X 轴方向距离
Y 位置	孔的图形中心相对于原点的 Y 轴方向距离
角度	六边形孔旋转的角度
第一个尺寸	六边形孔的边长

六边形孔的尺寸示意如图 3-27 所示。

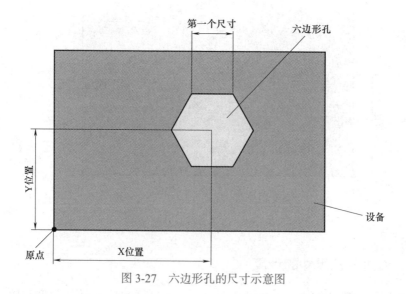

图 3-27   六边形孔的尺寸示意图

3.4.7 八边形孔尺寸的计算

八边形孔仅需要输入一个尺寸即可，但是需要设定旋转的角度参数。典型的八边形孔的尺寸输入如图 3-28 所示。

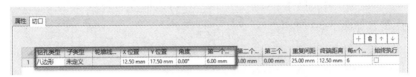

图 3-28 八边形孔的尺寸输入

八边形孔的尺寸描述见表 3-6。

表 3-6 八边形孔的尺寸描述

尺寸名称	计算方法描述
钻孔类型	八边形孔
X 位置	孔的图形中心相对于原点的 X 轴方向距离
Y 位置	孔的图形中心相对于原点的 Y 轴方向距离
角度	八边形孔旋转的角度
第一个尺寸	八边形孔的边长

八边形孔的尺寸示意如图 3-29 所示。

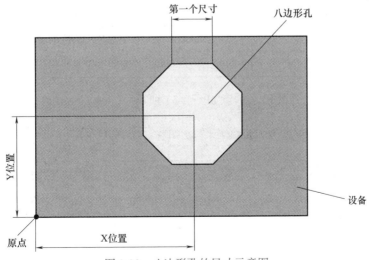

图 3-29 八边形孔的尺寸示意图

3.4.8 可变长度设备的开孔尺寸计算

可变长度设备中的代表为线槽和导轨。随着在机柜中布置的元件的长度变化，它们需要开孔的数量和位置会有所不同。因此，这类设备的钻孔排列样式定义将包括重复间距、终端距离以及每 n 个洞钻孔等参数。典型的可变长度设备的开孔参数如图 3-30 所示。

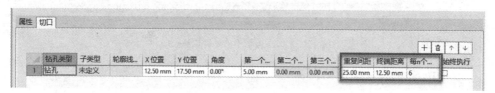

图 3-30　可变长度设备的开孔参数

可变长度设备的开孔参数描述见表 3-7。

表 3-7　可变长度设备的开孔参数描述

尺寸名称	计算方法描述
钻孔类型	钻孔 / 螺纹孔
X 位置	第一个孔中心相对于原点的 X 轴方向距离
Y 位置	第一个孔中心相对于原点的 Y 轴方向距离
第一个尺寸	钻孔直径 / 螺纹孔标称直径
重复间距	可以执行开孔之间的距离
终端距离	最后一个开孔与对象右边缘的最小间距
每 n 个洞钻孔	相隔几个重复间距来实际开孔

可变长度设备的开孔尺寸示意如图 3-31 所示。

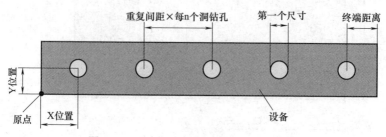

图 3-31　可变长度设备的开孔尺寸示意图

3.5 连接点信息基础

机柜导线制备和接线工作是控制柜和开关柜装配的重要环节。根据斯图加特大学的研究，这个环节占据整个生产环节接近一半的时间。因此，实现导线自动布线对于生产效率的提升至关重要。EPLAN Pro Panel 的自动布线功能是实现自动导线制备和自动化生产的第一步。对于每一个需要布线的设备，合理准确地定义连接点的相关信息是实现布线的重要准备工作。在 EPLAN Pro Panel 中，定义元件的连接点信息存储于连接点排列样式之中。

图 3-32 所示为一个设备的连接点排列样式参数。

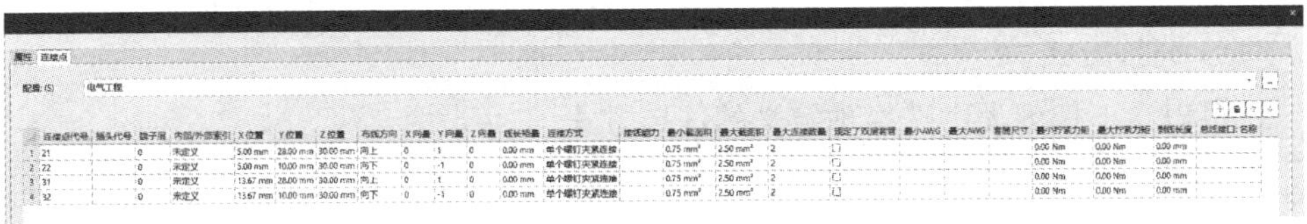

图 3-32 连接点排列样式参数输入

下面将对连接点排列样式中的各个参数逐一解释。本节可用于定义连接点排列样式时参考。

1. 连接点代号

此处应输入相应的连接点的名称，如果是端子的连接点排列样式，该内容无须填写。

2. 插头代号

如果为设备连接点或 PLC 连接点指定了插头代号，则必须在这里也要输入。插头代号和连接点代号的内容必须与功能模板中输入的参数完全一致，否则将影响产品的自动布线功能。

3. 端子层

对于端子，端子层是必填字段，其他的无须填写。应在此处输入端子所在的层数。

4. 内部 / 外部索引

该字段用于端子连接点的唯一性识别。对于端子类设备，此处需要填写。其他类别的设备无须填写。

5. X/Y/Z 位置

此处应输入 X/Y/Z 轴方向上，连接点到原点的距离（沿着元件的宽度方向）。

6. 布线方向

可以从列表中选取布线方向，此方向用于确定连接点后查询布线路径和网络（如线槽、手工布线路径等）的方向。

7. X/Y/Z 向量

这些值用于定义布线的出线方向，此方向为向量，基于坐标轴的 X/Y/Z 轴方向确定。

8. 线长裕量

线长裕量是为布线设定的一个偏置的数值，用于增加或者减少布线长度。

9. 连接方式

可以在下拉列表中选择预定义的连接方式。

10. 接线能力

在此框中可针对螺钉连接、螺纹、内部式管接头和套管连接指定螺钉尺寸（如 "M6"）或连接板尺寸（如 "4.8×0.5"）。

11. 最小截面积 / 最大截面积

在此框中输入可以与连接点连接的最小导线截面积和最大导线截面积，单位为 mm^2。

12. 最大连接数量

如果需要限制每个连接点的接线数量，可进行最大连接数量的设置，每个连接点通常规定不超过 2 个连接数量。

13. 规定了双层套管

通过判断此复选框是否被选中，可决定当此连接点上有两个连接时，是否使用双层套管。

14. 最小 AWG/ 最大 AWG

此处输入可以与连接点连接的最小 AWG 的截面积和最大 AWG 的截面积的值。

15. 套筒尺寸

旋拧工具（如螺钉旋具）由驱动装置和从动件组成：驱动装置是促使工具运动的组件，如把手或电动机轴；从动件是被移动的组件，如螺钉旋具的刀刃或尖头。套筒尺寸描述的是从动件（刀刃或尖头）的尺寸，如"3×0.5"即宽 3mm 和厚 0.5mm。通过指定的标准缩写，也可以说明从动件的规格，如"PZ1"代表 Pozidriv 十字槽 Z 型，"TX 5"代表 Torx 梅花槽螺钉头。

16. 最小拧紧力矩 / 最大拧紧力矩

两者的单位为 N·m，描述的是类似拧紧螺栓所用的力矩，即驱动装置作用于从动件的力矩。

17. 剥线长度

该数值用于标明裁线机加工导线时剥去的绝缘层的长度，单位为 mm。

18. 总线接口名称

如果需要对总线电缆进行布线，总线端口名称需要标识，可在总线端口名称列填写设备的总线端口名称。

3.6　安装数据的输入与文件关联

如果某个部件将在 EPLAN Pro Panel 平台上应用，则其安装数据的尺寸和其他参数需要根据该部件实际情况输入。并且在这里还可以关联已经创建的 3D 图形宏和图片文件。安装数据相关字段如图 3-33 所示。

图 3-33　安装数据相关字段

3.6.1　尺寸的输入

正确的部件尺寸输入对于没有 3D 模型的应用尤为关键。在输入尺寸时，应根据部件的布局方式，按照图 3-34 所示输入，单位为 mm。

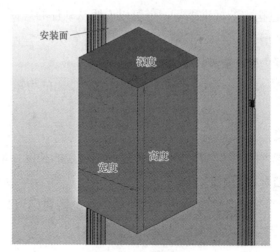

图 3-34　尺寸的输入

3.6.2　安装间隙

安装间隙用于确保部件可以遵守横向平铺或相互叠加放置时所允许的热负荷。因此，根据产品的说明书，需要为产品在前后、左右和上下根据实际情况输入产品装配需要的间隙距离。输入安装间隙以后，EPLAN Pro Panel 在产品的部件放置、干涉检查和项目检查等方面可以利用其数值来辅助工程的应用并保证布局的正确性，安装间隙的单位为 mm。

计算"需占面积"属性的值 S 的方法为

$$S=(b+a_{\mathrm{b}})(h+a_{\mathrm{h}})$$

式中，b 为宽度；a_{b} 为安装间隙宽度；h 为高度；a_{h} 为安装间隙高度。

当输入安装间隙的参数后，选择【视图】→【布局空间】→【安装间隙】命令，可以预览安装间隙的效果。图 3-35 所示为有安装间隙的预览图。

3.6.3　图片文件与 3D 图形宏

部件的工程图片对于产品选型和工程绘图具有辅助作用，因此部件的工程图片应尽量与产品关联。图片文件应存放在用户设置下为图片文件设置的目录或者子目录之中，典型的图片文件的存放示例如图 3-36 所示。

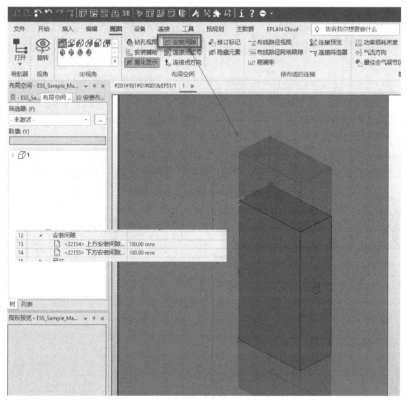

图 3-35 有安装间隙的预览图

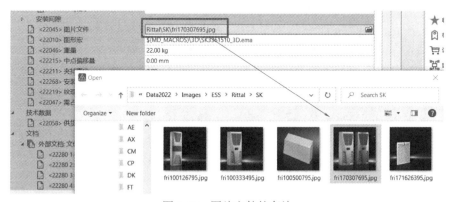

图 3-36 图片文件的存放

3D 图形宏用于关联存放通过 EPLAN Pro Panel 创建的 3D 图形。3D 图形宏文件应当存放在用户设置下为宏设置的目录或者子目录之中，典型的示例如图 3-37所示。

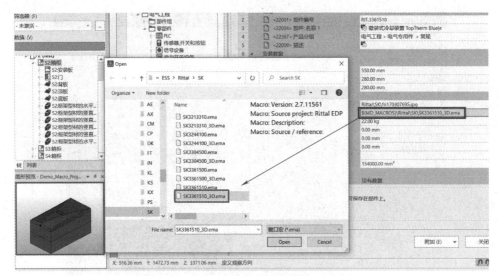

图 3-37　3D 图形宏的存放

第4章
箱柜部件数据创建

箱柜是电气自动化应用领域重要的产品。本章介绍的箱柜是一个广泛的含义，包括控制机柜、IT 机柜和配电柜等多种形式。为了在 EPLAN Pro Panel 软件中正确地定义箱柜，本章将介绍箱柜以及箱柜组件的定义方式并通过实例展示如何按照标准的流程完成箱柜部件的创建。图 4-1 是 EPLAN 的姊妹公司 Rittal 公司的箱柜及相关产品的展示图。

图 4-1　Rittal 公司的箱柜及相关产品展示图

4.1　概念

为了正确定义一个完整的箱柜，箱柜的所有组成部分都需要定义相关的基本属性，如功能定义和组件，这里请参考 3.2 节中相关内容介绍。因此，需要介绍一个箱柜的相关组成部分的基本概念以及它们所对应的功能定义类别。图 4-2 是将一个完整箱柜的不同部分展开形成的示例，以便定义箱柜的 3D 图形宏时参考。由于箱柜的组成十分复杂，因此无法介绍所有的组件。在实践过程中，可查阅帮助或者 Rittal 公司关于箱柜的相关手册了解详情。

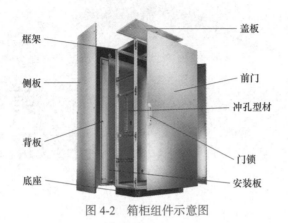

图 4-2　箱柜组件示意图

4.1.1　箱柜

箱柜是整体的概念，箱柜的 3D 模型的各个组成部分只能被称为箱柜组件，因此不能直接将一个 3D 模型的功能定义指定为箱柜，但可以在【部件管理】对话框中创建一个新的部件，并将其产品分组设定为箱柜，将包括箱柜组件的 3D 图形宏与此部件的 3D 图形宏字段关联，由此来建立 3D 模型与箱柜之间的关联。

图 4-3 所示为一个箱柜在部件管理中定义的产品分组。

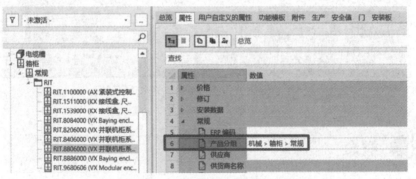

图 4-3　箱柜在部件管理中定义的产品分组

4.1.2　框架

对于框架型结构的箱柜，其框架用于箱柜支撑、其他组件安装等功能。对于框架型箱柜的框架，其功能与组件需要按照箱柜实际情况定义与选择，如图 4-4 和图 4-5 所示。

图 4-4 框架的功能定义

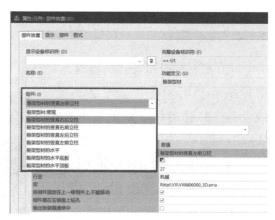

图 4-5 框架的组件选择

4.1.3 箱体

对于一些箱体型箱柜，整个箱柜的支撑部分是单个的主体，如 Rittal 公司的 AE 和 CM 系列的箱柜。图 4-6 所示的箱柜为一个典型的箱体型箱柜。对于箱体型箱柜，除了箱柜本体，还包括门、安装板、底板和箱柜附件等其他组成部分。

整个柜体的功能定义可以设置为【箱柜本体】。其组件不需要设置，仅有【机柜】可以选择，如图 4-7 所示。

图 4-6 箱体型箱柜

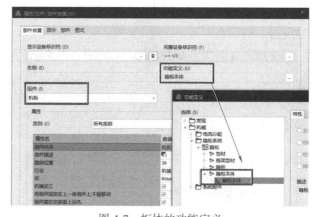

图 4-7 柜体的功能定义

4.1.4 冲孔型材

冲孔型材一般指带孔的型材，它安装于机柜的侧面或者顶部，用于支撑重型设备或者用于在其上安装其他的设备。冲孔型材示意图如图 4-8 所示。

冲孔型材在 EPLAN 中的产品分组为【穿孔导轨】，如图 4-9 所示。

冲孔型材的功能定义和组件分别选择为【箱柜组件】和【常规箱柜附件】即可，如图 4-10 所示。

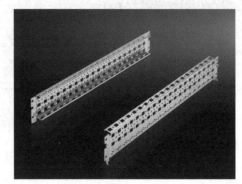

图 4-8   冲孔型材示意图

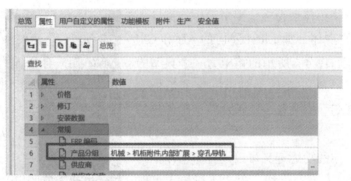

图 4-9   冲孔型材的产品分组

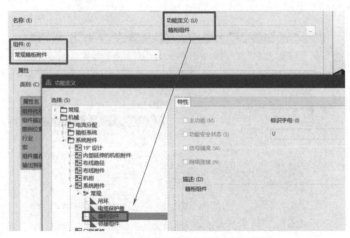

图 4-10   冲孔型材的功能定义和组件

4.1.5　柜门

柜门即箱柜的门。柜门是箱柜的重要组件。柜门分单开门和双开门等不同的类型。柜门的功能定义设置为【门】即可。柜门的功能定义如图 4-11 所示。

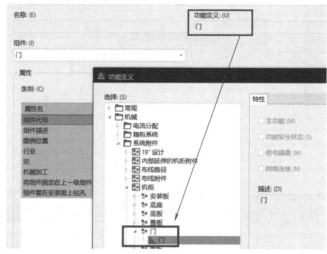

图 4-11　柜门的功能定义

当功能定义设置以后，即可设置门的组件。对于单开门设备，其组件设定为【门】即可；对于双开门设备，其组件需要根据实际情况被设定为【左门】或者【右门】，如图 4-12 所示。

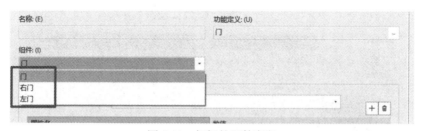

图 4-12　柜门的组件定义

4.1.6　安装板

安装板是重要的箱柜组件，是大部分工程应用中设备装配使用的核心区域。安装板的功能定义需要设定为【安装板】，其组件仅有【安装板】一个选项，如图 4-13 所示。

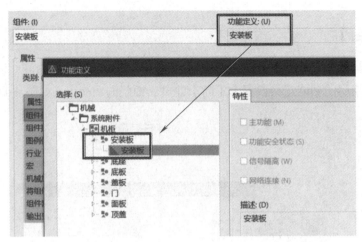

图 4-13　安装板的功能定义

4.1.7　底座

　　箱柜的底座对整个箱柜起支撑作用，为了保证并柜，需要根据不同的情况配备不同的附件。许多柜内导线需要在底座内走线，因此需要配备底座开孔等其他组件。

　　如果底座由多个部分组成，各个组成部分的功能定义需要根据实际情况选择，如图 4-14 所示。

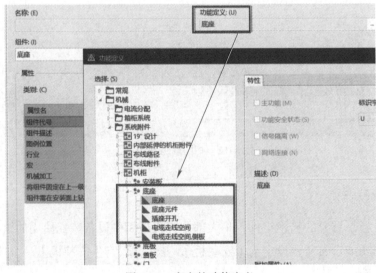

图 4-14　底座的功能定义

4.1.8　底板

箱柜的底板位于箱柜的底部，用于遮挡整个箱柜底部的电缆走线孔。底板上可以开孔，用于安装电缆接头。底板的示意图如图 4-15 所示。

图 4-15　底板的示意图

底板的功能定义根据需要选择即可，可以选择【底板】或者【凸缘底板】，如图 4-16 所示。

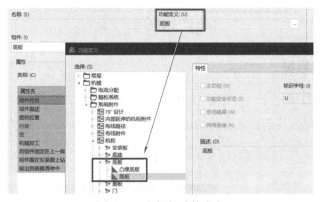

图 4-16　底板的功能定义

4.1.9　顶板 / 侧板 / 背板

顶板、侧板和背板都是箱柜组件的一部分，需要根据箱柜的实际情况来定义。EPLAN 的顶板、侧板和背板都可以通过功能定义【面板】来选择，然后再选择相应的组件即可。

面板的功能定义如图 4-17 所示。

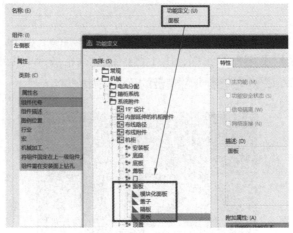

图 4-17   面板的功能定义

根据实际情况，为面板选择【顶板】【底板】【背板】等，如图 4-18 所示。

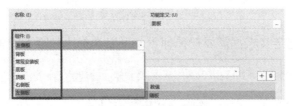

图 4-18   面板组件的选择

4.1.10   门锁系统

门锁系统包括把手、铰链、锁具和其他组成部分。在部件定义过程中，可以根据实际情况为其选择相应的功能定义，如图 4-19 所示。

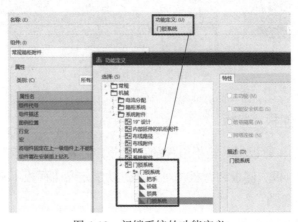

图 4-19   门锁系统的功能定义

4.2 创建过程

下面介绍箱柜部件的创建过程。在创建之前，关于产品的说明书、图片和 3Dstp 格式的模型等基本资料需要准备完毕。

（1）创建宏项目

推荐所有的 3D 图形宏都在宏项目中创建，并在宏项目中完成项目的设置以符合实际应用需要。

（2）导入 3D 模型

通过系统对外的导入导出界面，导入 3D 模型。

（3）简化 3D 模型

许多 3D 模型包含大量的细节，比如螺钉、螺母、锁芯、弹簧和垫圈等。从工程应用的角度来说，这些细节并不会影响实际的应用效果，但是会增加创建 3D 图形宏的复杂度并带来额外的资源消耗。因此，建议将这些内容删除。

（4）激活所有组件的属性，选中【<36010> 将组件固定在上一级组件上，不能移动】复选框

这样可以保证箱柜的所有组件都被固定于上一级，即箱柜。对于箱柜的组件，这个属性必须被激活。

（5）组件属性定义

定义所有组件的功能定义、组件类型和层。相关概念可以参考 3.1 节的介绍。具体的组件选择可以参考 4.1 节的内容。

（6）定义放置区域

通过定义放置区域，设备的放置位置和方向都可以确定。可以参考 3.3 节中对设备逻辑概念的介绍。具体的操作可以参考实例。

（7）定义基准点

定义用户自定义的基准点。可以参考 3.3 节中对设备逻辑概念的介绍。具体的操作可以参考实例。

（8）定义安装面

为柜体、门、安装板和底板等组件定义安装面并为安装面指定区域大小，可以根据实际情况确定是否需要修改安装面大小。可以参考 3.3 节中对设备逻辑

概念的介绍。具体的操作可以参考实例。

（9）定义布局空间宏的相关属性并生成宏

指定宏的名称、路径、描述、参考信息和版本等信息。通过自动生成宏的命令生成宏文件。

（10）创建部件

通过【部件管理】对话框创建部件，并关联相关的宏以及图片、文档等信息。

4.3　操作实例

下面以一个简单的操作实例引入，按照上述制作流程完成箱柜部件的创建。当读者日后需要自己创建箱柜部件时，参考此流程创建即可。

4.3.1　创建宏项目

创建一个宏项目，输入项目名称、保存位置和描述，如图 4-20 所示。

图 4-20　创建一个宏项目

将【项目类型】更改为【宏项目】，并修改其他的项目相关描述，如图 4-21 所示。

图 4-21　宏项目属性

通过【文件】→【设置】→【项目】→【管理】→【3D 导入】命令，设定关于导入 3D 模型的默认设置，如功能定义、细节清晰度等。增加细节清晰度会增加部分系统资源的消耗。对于当前主流配置的计算机，推荐调高细节清晰度至最高，这样会让模型更顺滑，也会对操作带来便利。细节清晰度的调节界面如图 4-22 所示。

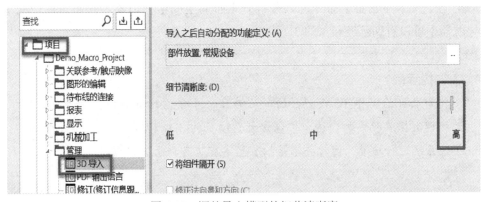

图 4-22　调整导入模型的细节清晰度

 提示：

对导入的 3D 图形宏设置更高的细节清晰度，会提高将来对象捕捉的便利性，但也对计算机硬件配置提出了较高的要求。

4.3.2　导入 3D 模型

通过【文件】→【导入】→【布局空间】→【STEP】命令导入 3D 模型，如图 4-23 所示。

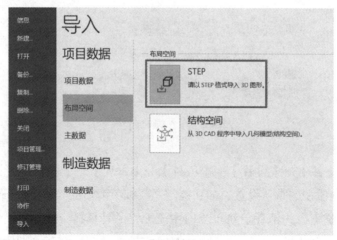

图 4-23　导入 3D 模型

导入 3D 模型以后需要打开【布局空间】导航器，选择【开始】→【3D 布局空间】→【导航器】命令进入并打开【布局空间】导航器。在【布局空间】导航器中可以看到已经导入的 3D 模型。

 提示：

　　如果自己制作 3D 模型，细节足够且尺寸合适的 step 模型对于将来的大规模数据装配更加合适。但包含大量细节的 3D 模型将消耗计算机资源，导致系统运行缓慢，因此并不是细节越丰富越有利于工程应用。

4.3.3　精简 3D 模型

可以根据需要对已经创建的 3D 模型做精简。本例中的 3D 模型由于创建时就比较简单，因此此处可以略过。如果计算机硬件配置不高，太复杂的 3D 模型将影响设计效率，导入 3D 模型进入 EPLAN Pro Panel 中后，可以在【布局空间】导航器中选择不必要的组件将其删除，对 3D 模型做精简处理，如图 4-24 所示。

4.3.4　激活组件属性

展开【布局空间】导航器中的树状结构，选择所有的组件，右击，在弹出的快捷菜单中选择【属性】命令。在图 4-25 所示的【属性（元件）：安装板】对话框中，选中【<36010>将组件固定在上一级组件上，不能移动】复选框即可。

图 4-24　精简掉不必要的组件

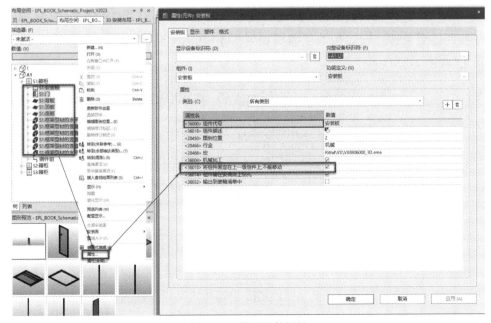

图 4-25　激活组件属性

4.3.5　组件属性定义

对于树状结构中的组件，每一个都需要为其设置属性，包括功能定义、组件和层。在图形编辑器中，右击导入的对象，在弹出的快捷菜单中选择【属性】命令，进入【属性（元件）：部件放置】对话框，设置功能定义和组件，如图 4-26 所示。具体设置的内容可以参考 4.1 节中的相关内容。

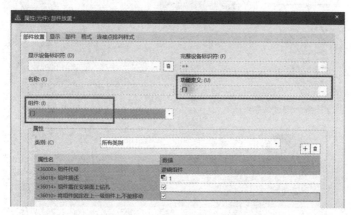

图 4-26　设置功能定义和组件

组件的层也需要调整，此时切换到【格式】选项卡，在这里为不同的组件选择相应的层。对于箱柜内的组件，大部分都需要设置为【EPLAN560，3D 图形.箱柜】，选择完成以后相应的透明度也会调整，如果有特殊的颜色需求，可以按照需要修改。安装板的层需要设置为【EPLAN 561，3D 图形.箱柜.安装板】，如图 4-27 所示。

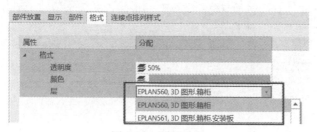

图 4-27　层的选择

当组件属性定义好以后，设备在树状结构中的组件展示和在图形编辑器中的模型展示已经接近实际应用的状态，如图 4-28 所示。但是，此时箱柜的放置方式依然不符合实际应用场景，因此需要为箱柜定义设备逻辑。

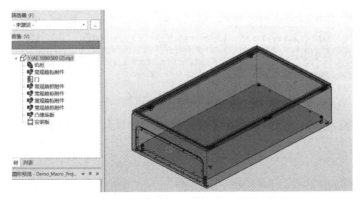

图 4-28　完成组件属性定义的箱柜

4.3.6　定义放置区域

选择【插入】→【放置区域】→【定义】命令，在布局设计空间中，选择在箱柜上预计放置位置。移动指针在模型上自动搜索到合适平面并单击鼠标左键进行选择确认，其操作方式如图 4-29 所示。关于放置区域的相关介绍，请查看 3.3 节中的相关内容。

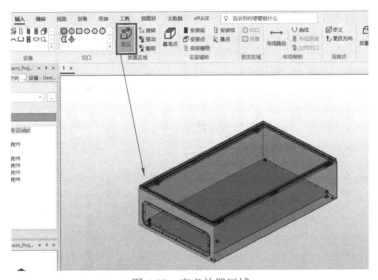

图 4-29　定义放置区域

定义放置区域之后，选择【视图】→【3D 视角】→□【3D 视角前视图】、□【3D 视角上视图】和◆【东南等轴视图】等命令来查看放置视角，来保证放置区域的位置和方向均正确，如图 4-30 所示。

图 4-30　3D 视图切换

如果放置区域不正确，可以对放置区域做出旋转、移动和翻转等操作，如图 4-31 所示。

图 4-31　放置区域操作命令

4.3.7　定义自定义基准点

定义放置区域以后的基准点位于箱柜的中部，为了设定用户插入箱柜时默认的基准点，可以为箱柜指定自定义基准点。

选择【插入】→【安装辅助】→【基准点】命令，捕捉默认的基准点。一般将箱柜的角上的基准点作为用户自定义的基准点，这样方便插入箱柜操作以及并柜操作，如图 4-32 所示。

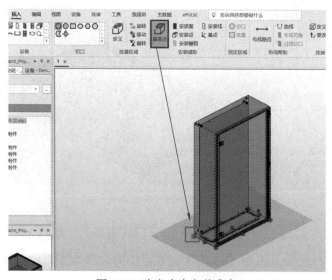

图 4-32　定义自定义基准点

4.3.8　定义安装面

为了保证将来其他的元件可以装配至箱柜，需要为箱柜定义安装面。对所有可能装配设备的箱柜组件的各个表面，均需要定义安装面。安装面的定义需要和将来实际的装配需求一致。在放置区域定义和箱柜组件分类定义完成后，安装面可以自动生成。

选择一个箱柜组件如【安装板】，然后右击，在弹出的快捷菜单中选择【生成安装面】命令，如图 4-33 所示。安装板正面和安装板背面的两个安装面将被自动生成。

自动生成的安装面可以删除，如果一个箱柜组件下没有任何安装面，则可以重新生成。安装面可以调整大小，如选择【右侧板外部】，右击，在弹出的快捷菜单中选择【安装面】→【修改大小】命令，则可以根据需要修改安装面的大小。其操作方式如图 4-34 所示。

图 4-33　生成安装面

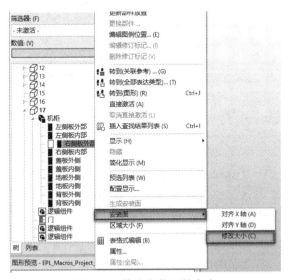

图 4-34　修改安装面的大小

为了开孔处理，需要在位于外侧的面上定义区域大小，例如，门板的正面需要开孔处理，在定义完外部区域大小后，由于门板内部有加强梁，为了防止开孔错误，需要修改定义的外部区域大小。在布局空间导航器中，右击【门外侧安装面】，在弹出的快捷菜单中选择【区域大小】命令来定义钻孔的区域大小，按〈Space〉键确认，如图 4-35 所示。

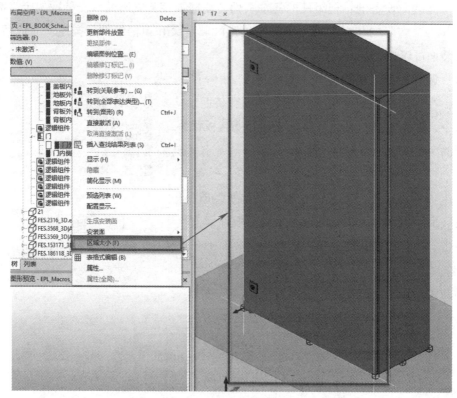

图 4-35 定义区域大小

 提示：

定义区域大小是保证最终钻孔视图正确生成的关键。即使不需要修改区域大小，也需要手工确认。定义完成的区域大小，其颜色将以绿色呈现。

4.3.9 定义宏相关的属性

为了生成宏，需要在布局空间中定义与宏相关的属性。在【布局空间】导航器中选择相应的布局空间，然后右击，在弹出的快捷菜单中选择【属性】命

令，进入【属性（元件）：布局空间】对话框，在【类别】下拉列表框中选择
【宏】。通过右侧的 ⊞ 按钮，将与宏相关的属性加入，在其中输入宏的名称、版
本等信息，如图 4-36 所示。

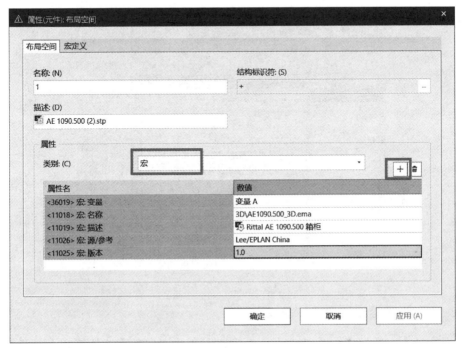

图 4-36　定义与宏相关的属性

 提示：

　　宏应当保存于用户目录设置的宏存放路径下的子目录下。对于 3D 图
形宏，一般在文件名后面加上【_3D】字样，以便于和原理图的宏文件有所
区分。

4.3.10　生成宏文件

　　通过选择【主数据】→【宏】→【导航器】命令，【宏】导航器将展示项目
中所有可以生成的宏，并包括宏的存储路径和表达类型等诸多信息。选择希望
生成的宏，然后右击，在弹出的快捷菜单中选择【自动生成宏...】命令自动生成
即可，如图 4-37 所示。

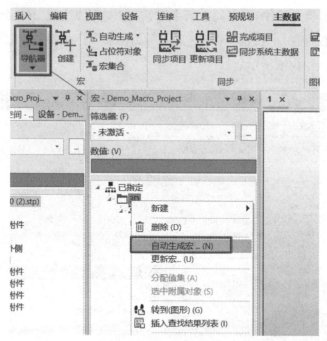

图 4-37   通过【宏】导航器自动生成宏

4.3.11　创建箱柜部件并关联宏

选择【主数据】→【部件】→【管理】命令，打开【部件管理】对话框，如图 4-38 所示。

图 4-38   打开【部件管理】对话框

在【部件管理】对话框左侧的树状结构中创建部件，其产品分组为【箱柜】。输入部件所需的各字段、关联图片和文档等，如图 4-39 所示。

在该部件的【属性】选项卡下，找到【安装数据】折叠项，修改 3D 图形宏字段信息，通过右侧的 图标直接选择前面生成的 3D 图形宏。选择好 3D 图形宏的界面如图 4-40 所示。

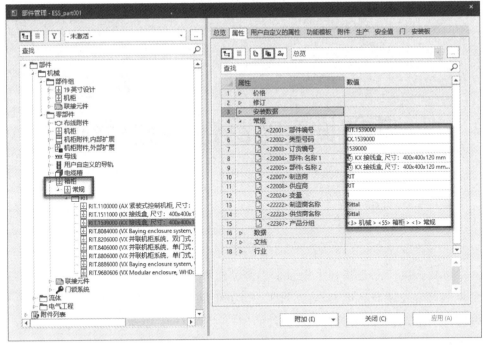

图 4-39　创建箱柜部件

图 4-40　新建箱柜部件并关联图形宏

新建一个用于测试的原理图项目，插入此部件至项目的布局空间中，检查做好的箱柜是否符合预期。

第5章
可变长度产品部件数据创建

可变长度产品是指在【机械】类产品组和子产品组下，长度可变的产品。常见的可变长度产品见表 5-1。对于表 5-1 所示以外的可变长度产品，如导线、电缆、线路 / 导管和软管等，其部件的创建过程并不需要涉及 3D 尺寸，因此本章不做介绍。

表 5-1　常见的可变长度产品

产品组	子产品组
母线	母线盖
	导轨
线槽	常规
机柜附件，内部扩展	常规
	C 形水平导轨
	电缆夹导轨
	安装导轨
用户自定义导轨	常规

5.1　概念

本节将介绍在工程应用过程中最常见的三类可变长度产品的基本概念。

5.1.1　线槽

线槽用于导线或者电缆的分类整理。线槽属于比较标准的产品，其外形如图 5-1 所示。

图 5-1　线槽

在 EPLAN Pro Panel 软件设计过程中，为了简化设计，一般将线槽以线槽盖闭合的状态简化展示出来并显示为长方体，如图 5-2 所示。

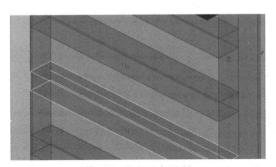

图 5-2　软件中的线槽

在部件管理中，标准的线槽需要指定相应的产品分组，如图 5-3 所示。

图 5-3　线槽的产品分组

由于线槽的长度在绘制时要按需设计，因此仅需要为线槽指定两个尺寸即可确定线槽的外围尺寸，不需要为线槽专门指定图形宏。即在创建线槽部件时，需要在【部件管理】对话框下，为线槽指定宽度和深度两个尺寸，如图 5-4 所示。

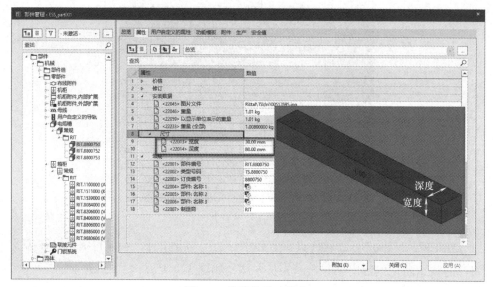

图 5-4　线槽的尺寸信息

另外，为了将线槽装配在安装板上，需要为线槽指定数控加工信息，即在【部件管理】对话框中为线槽关联钻孔排列样式。关于可变长度产品的数控加工设备尺寸输入的相关内容，请参考 3.4.8 节。

5.1.2　安装导轨

安装导轨用于将各类产品快速挂接到导轨之上，以实现快速装配。安装导轨是一种标准箱柜组件，共实物图如图 5-5 所示。

在 EPLAN Pro Panel 软件的设计过程中，安装导轨将会按照输入的尺寸被自动建模出来，如图 5-6 所示。

在为安装导轨创建部件时，将作为【机柜附件，内部扩展】产品组的子产品组，如图 5-7 所示。

图 5-5　安装导轨实物图

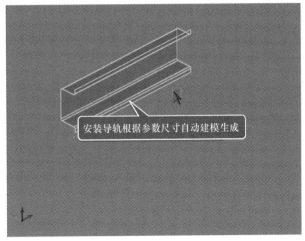

图 5-6　软件中自动建模的安装导轨

图 5-7　安装导轨的产品分组

安装导轨的长度信息可以在设计时按需设定，但是其他的尺寸信息需要在【部件管理】对话框中根据实际情况输入，如图 5-8 所示。

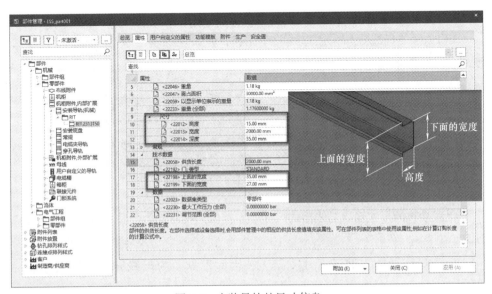

图 5-8　安装导轨的尺寸信息

另外，为了将安装导轨装配在安装板上，同样需要为安装导轨指定数控加工信息，即在【部件管理】对话框中为安装导轨关联钻孔排列样式。

5.1.3 母线导轨

母线是箱柜配电系统中重要的设备，可以为单根母线创建部件，也可以将母线导轨、母线支架等部分组合形成母线系统。本节主要介绍可变长度的母线导轨的部件制作，关于母线系统可以参考 EPLAN 官方示例项目自带的母线系统部件。图 5-9 所示为一个典型的母线系统，其中包含三根母线导轨。

在 EPLAN Pro Panel 软件中，母线导轨可以根据输入的尺寸自动渲染出来，而母线支架则可以根据 3D 图形宏生成。图 5-10 为一个母线系统的示意图。

图 5-9　母线系统实物图

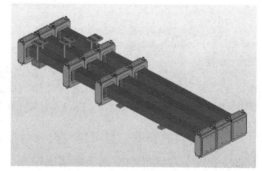

图 5-10　母线系统示意图

EPLAN 的母线导轨采用母线的产品组，并采用导轨的子产品组，如图 5-11 所示。

图 5-11　母线导轨的产品分组

母线导轨的尺寸输入与线槽的尺寸输入类似，仅需要两个尺寸即可，如图 5-12 所示。

由于母线导轨安装于母线支架上，因此不需要为母线导轨设定数控加工信息。

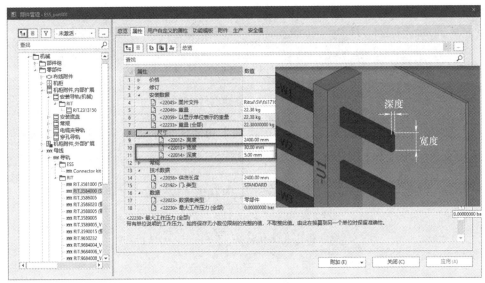

图 5-12　母线导轨的尺寸信息

5.2　创建过程

下面将介绍可变长度产品的部件创建过程。由于这些产品不需要 3D 图形宏即可创建，因此不需要准备 3D 模型，但是这些产品的说明书和图片需要提前准备。对于线槽和安装导轨，它们数控加工的各个尺寸需要提前准备好。

可变长度产品的部件创建过程如下：

1）创建部件，选择产品分组。

2）关联部件的图片、文档等信息。

3）输入部件所需的核心尺寸信息。

4）为部件创建钻孔排列样式并关联至部件的生产数据。

可变长度产品的部件创建相对简单，这里以安装导轨的部件创建为例。

5.2.1　创建部件

选择【主数据】→【部件】→【管理】命令，打开【部件管理】对话框，并新建一个部件。根据需要输入【部件编号】【部件：名称 1】【描述】等信息，为部件选择一个产品分组，如图 5-13 所示。

图 5-13 新建部件

为确保产品的功能定义正确，切换到【功能模板】选项卡，保证产品的功能定义和组件都是【安装导轨】类型，如图 5-14 所示。

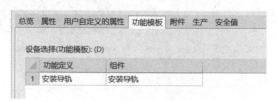

图 5-14 安装导轨的功能定义和组件

5.2.2 关联图片、文档等信息

根据需要，将图片和文档信息与部件信息关联。文档可以采用超链接的方式关联，也可以采用本地文件的方式关联，如图 5-15 所示。

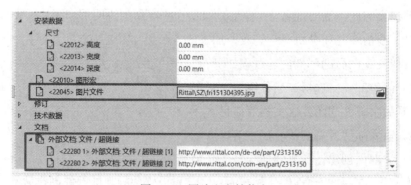

图 5-15 图片和文档信息

 提示：

部件的图片和文档都应保存于用户目录对应的图片和文档文件位置下面，保证部件的导入导出不会出错。

5.2.3　输入核心尺寸

对于安装导轨部件，需要为其输入相关的尺寸，包括上面的宽度、下面的宽度、高度。根据官方文档，可以获得其截面尺寸如图 5-16 所示。

因此，根据 5.1 节中对尺寸的描述，结合产品的供货长度为 2000mm，输入的产品尺寸如图 5-17 所示。

图 5-16　安装导轨的截面尺寸

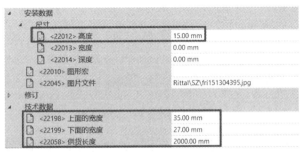

图 5-17　输入的产品尺寸

5.2.4　创建钻孔排列样式并关联

为了自动生成数控加工的数据，需要为安装导轨指定钻孔排列样式。根据官方的使用说明，可以得到产品的尺寸如图 5-18 所示。

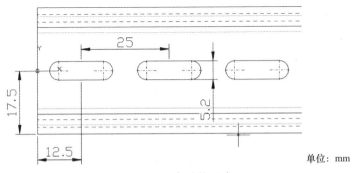

图 5-18　产品的尺寸

为了确定这些尺寸如何输入钻孔排列样式之中，请参考 3.4.8 节中关于可变长度设备的开孔尺寸计算方法。

根据这些参数，以及按照实际情况考虑的钻孔尺寸、需要间隔几个钻孔位置来钻孔和终端距离，在【部件管理】对话框中，找到【钻孔排列样式】并新建一个钻孔排列样式，切换到【切口】选项卡下，再输入相关的参数，如图 5-19 所示。

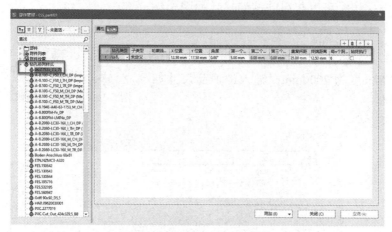

图 5-19　钻孔排列样式的参数

最后在该部件的【生产】选项卡下，关联已经创建的钻孔排列样式，如图 5-20 所示。

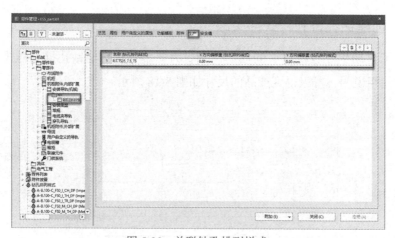

图 5-20　关联钻孔排列样式

至此，安装导轨的部件就已经创建完成，可以在 EPLAN Pro Panel 软件中使用了。在测试用的原理图项目中插入此部件至项目的布局空间中，检查做好的部件是否符合预期。

第 6 章
用户自定义导轨部件创建

用户自定义导轨是 EPLAN 的一个专属部件分类，从数据和设计角度，EPLAN Pro Panel 都为其进行了专有定义和命令开发。本章将对用户自定义导轨的概念和数据创建过程进行详细的说明，敬请读者仔细阅读，在实际工程设计中，很多设计部件都归类为用户自定义部件。

6.1 概念

用户自定义导轨属于可变长度产品的一种。图 6-1 所示为 Rittal 公司为母线系统提供的底部槽形件，这种槽形件的长度由机柜内部母线的长度决定，因此其长度需要根据实际需求截取，可以认为这是一种用户自定义导轨。

图 6-1 一种自定义导轨实例

用户自定义导轨的产品分组按照图 6-2 所示来指定。

图 6-2 用户自定义导轨的产品分组

相对于标准的安装导轨，用户自定义导轨没有采用标准截面，所以需要单独对其做截面的定义。为了创建用户自定义导轨的部件，需要为导轨绘制轮廓线（拉伸）。关于轮廓线的介绍，可以参考 3.4.2 节关于轮廓线（拉伸）的内容。

6.2 创建过程

下面将介绍用户自定义导轨产品的部件创建过程。由于这些产品不需要 3D 图形宏即可创建，因此不需要准备 3D 模型，但是这些产品的说明书、图片需要提前准备，以便实现用户自定义导轨的布置。

用户自定义导轨的部件创建过程如下：

1）创建部件，选择产品分组。

2）关联部件的图片、文档等信息。

3）创建轮廓线，并在部件中关联轮廓线。

4）为部件创建钻孔排列样式并关联至部件的生产数据。

6.3 操作实例

相较于普通导轨，用户自定义导轨需要先创建轮廓线。下面将对前面提到的 Rittal 公司的底部槽形件的部件创建做一个简要的介绍。这个线槽需要与母线系统配合使用，同时为了配合装配母线系统，还会与此槽配合安装盖板（Rittal 产品编号 9340.210）。盖板的安装与底部槽形件基本相同，此处不再做进一步介绍。

6.3.1 创建部件

选择【主数据】→【部件】→【管理】命令，打开【部件管理】对话框，并创建一个部件，根据需要输入【部件编号】【部件：名称 1】【描述】等信息，为部件选择一个产品分组，如图 6-3 所示。

图 6-3　创建部件并输入信息

6.3.2　关联图片、文档等信息

根据需要，将图片和文档信息与部件信息关联。文档可以采用超链接的方式关联，也可以采用文本文件的方式关联。输入产品的相关参数，如图 6-4 所示。

图 6-4　关联图片和文档信息并输入产品的相关参数

 提示：

图片和文档都应该保存于用户目录对应的图片和文档文件位置下面，保证部件的导入导出不会出错。

6.3.3　创建轮廓线

为了将产品的横截面绘制出来，需要为用户自定义导轨绘制轮廓线，可通过产品的尺寸说明书确定需要绘制的横截面。许多制造商会提供其轮廓线横截面的 AutoCAD 版本图纸，可以直接导入 EPLAN 中使用，避免重复绘制。此处用户自定义导轨的横截面如图 6-5 所示。

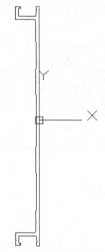

图 6-5 用户自定义导轨的横截面

选择【主数据】→【轮廓线 / 构架】→【轮廓线（拉伸）】→【新建】命令，新建一个【轮廓线（拉伸）】的文件，如图 6-6 所示。选择轮廓线的目录以及产品名称。

图 6-6 新建【轮廓线（拉伸）】文件

选择【插入】→【图形】命令组中的多种图形命令，如 ╱【直线】、╲【折线】、⌒【圆弧】等方式，将轮廓线绘制成各个图形首尾相连的封闭曲线，如果有制造商提供的 DXF/DWG 格式的文件，可以通过插入图形的方式直接导入文件，完成绘制，如图 6-7 所示。

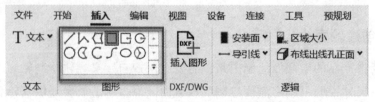

图 6-7 插入图形或者 CAD 文件绘制轮廓线

绘制完成以后，可以获得如图 6-8 所示的轮廓线。

图 6-8 绘制完成的轮廓线

 提示：

　　绘制产品的原点十分重要，这是产品的基准点。同时，以通过原点的纵向为轴作为放置区域，所有位于轴左侧的部分为此导轨安装的安装面表面以上的部分，具体请参考 3.4.2 节相关的内容。

　　可以通过移除轮廓线的方式，去除绘制过程中不合理的曲线。也可以通过检查轮廓线，确保轮廓线满足要求。操作的位置如图 6-9 所示。

图 6-9 移除和检查轮廓线

　　为方便进一步的自动化设备装配，在绘制完图形以后，可以根据需要为轮廓线定义相关的设备逻辑。当轮廓线完全没有问题以后，可以关闭轮廓线，轮廓线的内容将被自动保存，具体操作如图 6-10 所示。

图 6-10　关闭并保存轮廓线

打开【部件管理】对话框，通过【原理图宏】字段关联已经建立的轮廓线。关联轮廓线的属性如图 6-11 所示。

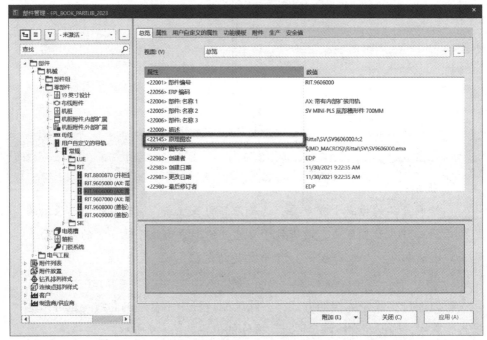

图 6-11　通过【原理图宏】字段关联已经建立的轮廓线

6.3.4　创建钻孔排列样式并关联

关于用户自定义导轨的钻孔排列样式的创建和部件数据关联，可参考可变长度产品的钻孔排列样式的创建方法，以及可变长度产品部件数据创建实例的相关内容。

在测试原理图项目中，插入此部件至项目的布局空间中，检查做好的部件是否符合预期。

第 7 章
常规设备的 3D 图形宏创建

常规设备的 3D 图形宏创建是工程应用中为设备建立部件的最常用操作之一。本章将介绍常规设备的 3D 图形宏创建。关于常规设备的部件创建的其他内容，请参考 EPLAN Electric P8 官方教程的相关介绍。

7.1 概念

在导入设备以后，需要为设备设定功能定义。功能定义的选择与导入的设备相关。图 7-1 展示了设备的功能定义。

图 7-1 设备的功能定义

图 7-1 给出的各类功能定义之中，最常见的就是常规设备。常规设备即除了

机械类设备、常规流体设备、PLC 卡、母线、插针和端子等设备之外的其他所有设备。常见的常规设备包括断路器、接触器和信号灯等。

对于 PLC 卡、母线、插针和端子等设备，在为它们创建部件时，可以根据设备的实际情况选择相应的功能定义。

7.2 创建过程

下面将介绍常规设备部件的创建过程。在创建之前，相关的说明书、图片和 3Dstp 格式的模型等基本资料需要准备完毕。

（1）创建宏项目

推荐所有的 3D 图形宏都应当在宏项目中创建。在宏项目之中，可完成项目的设置以符合实际应用需要。

（2）导入 3D 模型

通过系统对外的导入导出界面，导入 3D 模型。

（3）简化 3D 模型

许多 3D 模型包含大量的细节，比如螺钉、螺母、锁芯、弹簧和垫圈等。从工程应用的角度来说，这些内容并不会影响实际的应用效果。但是，这些细节将会增加创建 3D 图形宏的复杂度并带来额外的资源消耗。因此，建议将这些无关细节删除。

（4）合并模型

每个常规设备应该在【布局空间】导航器中仅包含一个逻辑组件，如果一个设备包含多个逻辑组件，对将来的布局或者报表输出会造成影响。因此，一般需要将所有组件合并形成一个整体，即合并模型。

（5）组件属性定义

定义所有组件的功能定义、组件类型和层。具体的功能定义选择可以参考 7.1 节的内容。

（6）定义放置区域

通过定义放置区域，设备的放置位置和方向都可以确定。可以参考 3.3 节中对设备逻辑概念的介绍。

（7）定义自定义基准点

定义自定义的基准点，可以参考 3.3 节中对设备逻辑概念的介绍。

（8）定义安装点

如果此设备上可以安装其他的设备，则需要在此设备上定义安装点。安装点需要与设备的基准点对应。

（9）定义连接点排列样式

对于需要在将来参与布线的设备，则需要为其定义连接点排列样式。关于连接点排列样式的参数输入，可以参照 3.5 节的相关内容。

（10）定义钻孔排列样式

对于不能直接安装于安装导轨上的设备，需要通过开孔才能够装配。在这种情况下，需要为此设备创建钻孔排列样式。创建钻孔排列样式的计算基础请参考 3.4 节的相关内容。关于钻孔排列样式的详细信息，将在后续的复杂数控加工设备的 3D 图形宏创建进行介绍。

（11）关联设备的 3D 图形宏

通过【部件管理】对话框关联对应的 3D 图形宏。

7.3　操作实例

本次将为西门子的一个接触器即 3RH2122 系列产品创建 3D 图形宏。由于此设备安装于导轨之上，因此不需要为它创建钻孔排列样式。另外，此设备上还需要安装一个辅助模块，因此需要为此设备定义一个安装点。为了让附件装配更容易理解，该内容将会在第 8 章中介绍。

7.3.1　创建宏项目

所有的 3D 图形宏的创建都推荐在宏项目中进行，如果是第一次创建宏项目，则可以按照 4.3 节的相关内容创建宏项目并完成相关的设置。如果已有宏项目，可在已有的宏项目中创建 3D 图形宏。本章将在箱柜部件的宏项目中继续创建常规部件的图形宏。

7.3.2　导入 3D 模型

选择【文件】→【导入】→【布局空间】→【STEP】命令导入 3D 模型，如图 7-2 所示。

图 7-2　导入 3D 模型

7.3.3　精简 3D 模型

3D 模型导入以后，在布局空间中的状态如图 7-3 所示。

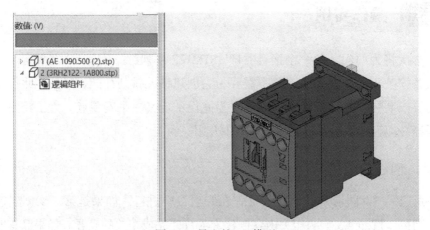

图 7-3　导入的 3D 模型

在【布局空间】导航器中，此模型仅由一个逻辑组件组成，因此不需要合并，如果存在非必要的组件，可以先删除。精简模型以后，如果此模型包括多个逻辑组件，则可以通过合并的方式将此模型的多个部分合并到一起，如果需要执行合并操作，在图形编辑器（非导航器）选择所有的组件，选择【编辑】→【图形】→【合并】命令，并在任意位置选择一个基准点，完成逻辑组件的合并，如图 7-4 所示。

图 7-4　逻辑组件的合并

7.3.4　组件属性定义

宏项目的项目设置中，默认的功能定义为常规设备，因此这个元件的功能定义不需要修改，如果导入以后功能定义与所需不同，则需要重新选择。关于功能定义的选择，可以参考 7.1 节的相关内容。功能定义和组件选择的位置如图 7-5 所示。

图 7-5　导入设备的功能定义和组件

7.3.5　定义放置区域

选择【插入】→【放置区域】→【定义】命令来定义 3D 图形宏的放置区域。对于此设备，其安装于安装导轨之上，放置区域为与安装导轨表面接触的表面。移动鼠标指针搜索到合适平面并单击鼠标左键。定义放置区域如图 7-6 所示。

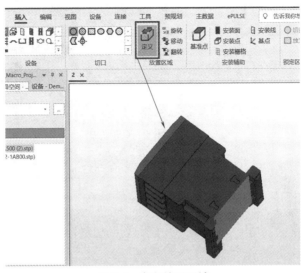

图 7-6　定义放置区域

提示：

定义放置区域以后，需要通过等轴视图、前视图和上视图等视角来确保放置区域的正确性。

7.3.6　定义自定义基准点

下面来确定自定义基准点。在插入设备时，此基准点为设备插入时默认使用的基准点。

选择【插入】→【放置区域】→【基准点】命令，捕捉默认的基准点。在此，将基准点定义为接触器底部卡槽的中点。在定义时需要按住〈Ctrl〉键，然后分别单击底部卡槽两端，从而取得中间位置的自定义基准点。通过〈Ctrl〉键来定义自定义基准点的方式如图 7-7 所示。

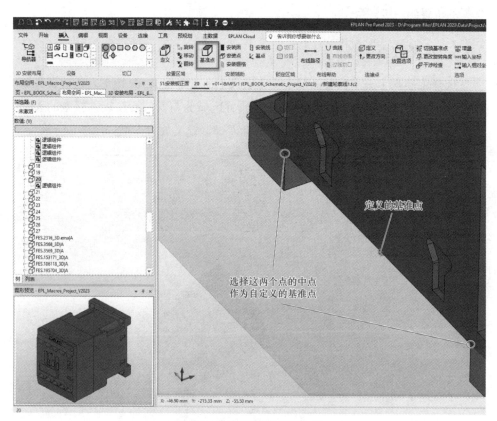

图 7-7　自定义基准点的定义

提示：

　　如果在选择点的时候希望选择两个点的中点，可以在按住〈Ctrl〉键的同时分别单击两侧端点。这时选择点的模式从直接选择变成了从两个选择择中点的模式。

7.3.7　定义安装点

　　安装点可保证其他的设备安装于此设备之上。为了更清晰地了解安装点与基准点的关联，请参考 8.1.2 节的内容。

7.3.8　定义连接点排列样式

　　连接点排列样式是保证精确布线的基础。对于需要布线的设备，应为它们定义连接点排列样式。关于定义连接点排列样式所需各个参数的相关内容，请查看 3.5 节。

　　定义连接点排列样式需要确定连接点的方向和选择连接点的位置等多种事项，可以通过操作鼠标来取得连接点的位置，也可以通过人为计算来取得连接点的位置。下面介绍通过操作鼠标来取得连接点的位置的方法。

　　（1）确定连接点的方向

　　选择【插入】→【连接点】→【定义】命令，然后选择一个平面来确定连接点的方向。连接点将沿着此面从模型内部指向外部。连接点的方向也可以在连接点排列样式表格中修改。确定连接点方向的操作如图 7-8 所示。

　　（2）选择连接点的位置

　　当连接点方向确定以后，可以通过鼠标直接选择连接点的位置。但是由于空间操作的局限性，很难一次性就选择正确，可以先确定连接点圆心的位置，然后再做适当的矫正。

　　当在状态栏打开了 【对象捕捉】开关以后，可以直接读取圆心的位置，如图 7-9 所示。

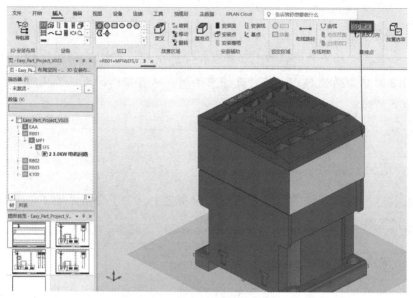

图 7-8　确定连接点方向

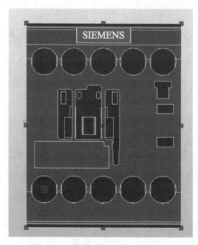

图 7-9　直接读取圆心的位置

 提示：

　　如果在选择点的时候希望选择两个点的中点，可以在按住〈Ctrl〉键的同时分别单击对象点。这时选择点的模式从直接选择变成了从两个选择择中点的模式。

（3）输入连接点属性

当确定了连接点位置以后，将弹出【属性（元件）：部件放置】对话框，该对话框下方为连接点排列样式表格，如图 7-10 所示。

图 7-10　连接点排列样式表格

其中，X、Y、Z 向量由选择连接点之前中选择面来确定，而 X、Y、Z 位置则由后续的鼠标操作读取。

 提示：

　　连接点的信息表格可以如 Excel 表格一样支持新建或删除行，以及复制和粘贴等操作。因此根据对三维坐标的理解，很多时候可以通过表格操作更快地修改连接点的信息。

图形提示三维坐标轴颜色 RGB（红绿蓝）与坐标轴的对应关系，红色对应 X 轴，绿色对应 Y 轴，蓝色对应 Z 轴。

在这里还需要输入连接点代号、插头代号以及其他各类信息。注意：连接点代号和插头代号等信息需要严格和部件的功能模板中的连接点信息对应，否则最终布线会出现问题。这些信息的相关内容请查看 3.5 节。

接触器的电气连接如图 7-11 所示。

输入对应的连接点代号，如图 7-12 所示。

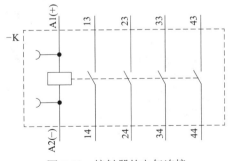

图 7-11　接触器的电气连接

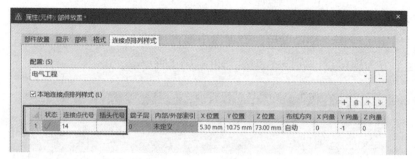

图 7-12　输入对应的连接点代号

（4）检验连接选择的正确性

选择【视图】→【布局空间】→【连接点代号】和【连接点方向】命令，可以查看连接点位置和方向的预览，从而确定捕捉的连接点位置和方向的正确性。连接点预览结果如图 7-13 所示。

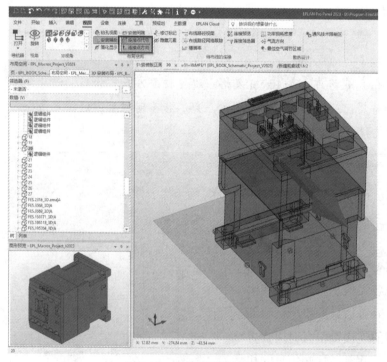

图 7-13　连接点预览结果

图 7-13 彩图

选择【视图】→【3D 视角】→□【3D 视角上视图】命令，可以显示连接点代号，如图 7-14 所示。

从图 7-13 中可以发现，连接点的位置位于设备的表面，这并不正确。可以通过鼠标选择新的连接点位置，获取 Z 轴的坐标（通过布局空间中的坐标轴可以看出蓝色的轴向的坐标不正确）。

（5）修改连接点的信息

选择【视图】→【布局空间】→【连接点代号】和【连接点方向】命令关闭相关显示，再插入一个连接点，这个连接点的目标就是取得 Z 轴的位置。暂且将这个槽的中点位置作为连接点的位置，如图 7-15 所示。

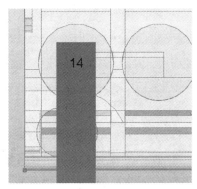

图 7-14　显示连接点代号

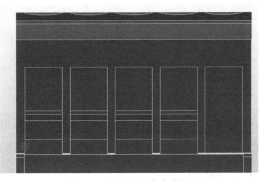

图 7-15　取得连接点位置

当用鼠标选择以后，将获得第二个连接点的信息，此时可以将第二个点的 Z 轴坐标的信息复制给第一个连接点，然后通过右上角的 🗑 【删除】按钮删除第二个连接点。这样，Z 轴的坐标信息传递即可完成，如图 7-16 所示。

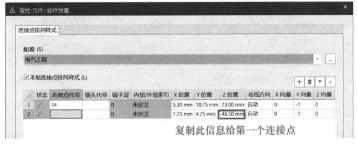

复制此信息给第一个连接点

图 7-16　连接点的信息传递

执行完成以后，可以得到正确的连接点信息如图 7-17 所示。

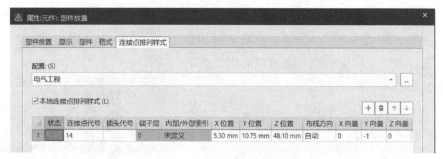

图 7-17   正确的连接点信息

修改后的连接点的预览效果如图 7-18 所示。

（6）其他的连接点信息的定义

其他的连接点信息的定义方式和当前的连接点信息类似，仅需要重复执行上述步骤即可。当连接点定义熟练以后，可以一次取得更多连接点的位置信息，然后统一输入连接点代号、插头代号、布线方向、连接方式等信息。当所有的连接点的信息输入完毕以后，要通过视图预览一下输入信息是否正确。最终的预览效果如图 7-19 所示。

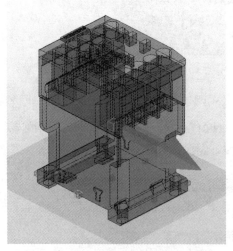

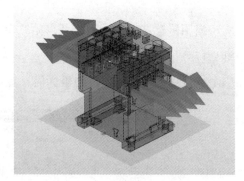

图 7-18   修改后的连接点的预览效果   图 7-19   最终的预览效果

（7）生成连接点排列样式

如果连接点排列样式仅用于本设备，则不需要生成连接点排列样式。连接点的相关信息可以存储于本地的 3D 图形宏之中，如果为多个类似设备创建 3D 图形宏，同时希望将连接点排列样式共享，则可以生成连接点排列样式。【生成连接点排列样式】的操作命令如图 7-20 所示。

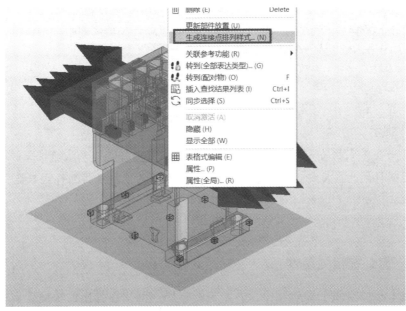

图 7-20 【生成连接点排列样式】的操作命令

该操作命令将弹出【部件管理】对话框，在该对话框中输入连接点排列样式的名称并应用，如图 7-21 所示。

图 7-21 输入连接点排列样式的名称并应用

在【部件管理】对话框中，如果一个新的设备需要使用某连接点排列样式，通过【<22941> 连接点排列样式】字段关联即可，如图 7-22 所示。这样，这个新设备的 3D 图形宏将不再需要创建连接点排列样式。

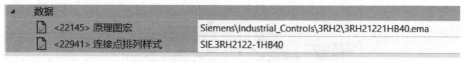

图 7-22　连接点排列样式的关联

提示：

一些多变量的 3D 图形宏需要多个连接点排列样式，无法通过关联连接点排列样式达成目标，所以每个 3D 图形宏变量的连接点排列样式只能保存于本地。

7.3.9　定义宏相关属性

在【布局空间】导航器中，右击宏的布局空间，在弹出的快捷菜单中选择【属性】命令，进入设备【属性】对话框，在【类别】下拉列表框中选择【宏】，可添加与宏相关的属性内容。输入完成以后如图 7-23 所示。

图 7-23　添加与宏相关的属性内容

提示：

宏文件应当保存于用户目录设置的宏存放路径下的子目录下。对于 3D 图形宏，一般在文件名后面建议加上【_3D】字符，以便和原理图的宏文件有所区分。

7.3.10　生成宏文件

选择【主数据】→【宏】→【导航器】命令，【宏】导航器将展示项目中所有可以生成的宏，并包括宏文件的存储路径、表达类型等诸多信息。选择希望生成的宏，然后右击，在弹出的快捷菜单中选择【自动生成宏...】命令，如图 7-24 所示。

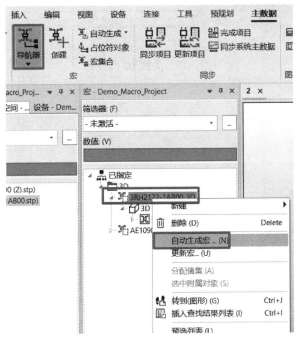

图 7-24　生成宏文件

7.3.11　关联宏文件

选择【主数据】→【部件】→【管理】命令，进入【部件管理】对话框，在【属性】选项卡中通过【图形宏】字段关联新生成的 3D 图形宏，如图 7-25 所示。

在测试原理图项目中，插入此部件至项目的布局空间中，检查做好的设备及关联的 3D 数据是否符合预期。

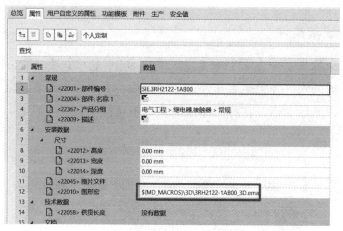

图 7-25　关联 3D 图形宏

第 8 章
附件配置与自动装配

在 EPLAN 基础数据的创建过程中，附件的概念是基于管理角度而成的，主要目的是防止选型错误。而在 EPLAN Pro Panel 中不但具有防错管理，还具有自动装配功能，这样在整个三维设计过程中，减少了设计师对元件的装配设计时间，读者可以通过本章来了解附件配置和管理数据的创建过程。

8.1　概念

EPLAN 的部件库支持附件关联的功能，通过附件可以在工程应用中更准确高效地选型。基准点和安装点可以帮助用户建立装配关系，实现设备自动的装配。

8.1.1　附件的设定

附件的设定用于将附件部件与主体部件关联。

在【部件管理】对话框中，如果一个部件是附件，在该部件的【附件】选择卡中，选中【部件是附件】复选框，然后其他的部件或者附件列表就可以将该部件作为附件添加了，附件的设定如图 8-1 所示。

如果一个设备是主体部件，则不能选中【部件是附件】复选框。在其下方单击 ⊞ 按钮新增一行，在此位置可以选择附件或者附件列表来与此主体部件关联，如果一个主

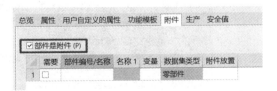

图 8-1　附件的设定

体部件的附件特别多，或者多种附件可以关联到多种主体部件上，为了便于管理，可以将此主体部件的附件分类并创建为附件列表。附件列表可以在【部件管理】对话框左侧的树状结构中创建，具体操作可以参考在线系统帮助。在这里主体部件就能与附件关联了。附件的变量与附件放置属性也可以在此对话框中选择。附件的关联如图 8-2 所示。

图 8-2　附件的关联

8.1.2　安装点与基准点的关联

安装点和基准点的关联是保证两个设备在拖放时正确安装的关键。在定义安装点时，可以为安装点指定一个名称。对于用户自定义基准点，可以为其分配一个安装点。因此，在定义安装点时，应尽量为其指定一个明确、唯一的名称，方便为自定义基准点进行分配。

本节示例的接触器（西门子 3RH2122 系列）元件，由于安装点是用于顶部辅助模块安装的，因此给它设定了名称【SIE.3RH2122TOP_AUX】。安装点的定义界面如图 8-3 所示。

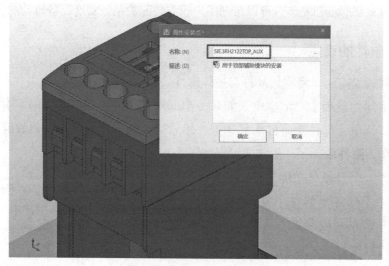

图 8-3　安装点的定义界面

对于此接触器的辅助模块，当给它定义基准点时，可以为此基准点分配安装点，如图8-4所示。

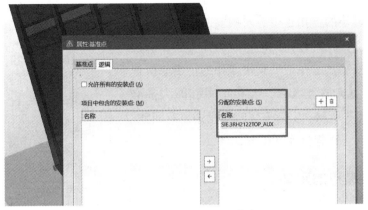

图8-4　为基准点分配安装点

8.2　操作流程

本节将介绍基准点和安装点直接关联的操作流程，常规设备的部件创建过程与第7章相同。

1）在宏项目之中导入需要关联的3D模型，此操作过程与第7章相同。

2）为所有的元件定义设备逻辑，包括放置区域和基准点。

3）定义连接点排列样式、钻孔排列样式等内容。

4）在需要接受其他元件安装的元件上定义安装点，并指定清晰明确的名称。

5）为被安装在其他元件上的元件的基准点分配安装点，实现基准点与安装点的关联。

8.3　操作实例

本节将介绍西门子3RH2911辅助模块与西门子3RH2122接触器之间形成关联并自动装配的过程。

下面先从3RH2911辅助模块的设备逻辑创建开始。

在为 3RH2911 辅助模块创建放置区域之前，需要确定辅助模块与接触器的装配方式，即放置区域上的基准点与接触器上的安装点需要对应上。为此，这里简化安装方式，认为辅助模块的卡扣正中心将被安装在接触器对应的平台上，因此将在此平台中卡扣安装面的正中心创建安装点，在辅助模块卡扣的正中心位置所在平面定义放置区域，卡扣正中心即为基准点，如图 8-5 所示。实际安装时会稍微留有间隙，工程应用时可以根据实际情况调整。

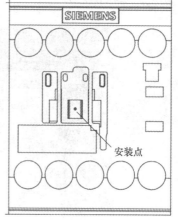

图 8-5 接触器上的安装点的位置

8.3.1 安装点的定义

选择【插入】→【安装辅助】→【安装点】命令，然后选择一个平面。此平面并不决定安装点的位置，仅通过此平面定义安装点的方向，表明被装配的元件将垂直于此面安装。安装点的方向定义如图 8-6 所示。

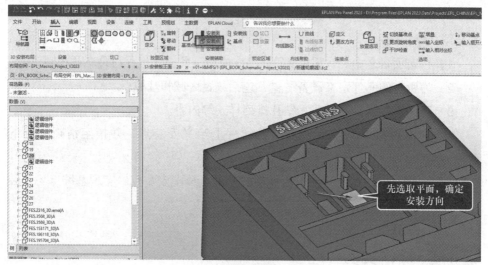

图 8-6 安装点的方向定义

在接触器顶部的凸起平台上选择此面的安装点位置。由于无法直接捕捉顶部表面的中点，因此需要通过〈Ctrl〉键选择中点的方式实现。按住〈Ctrl〉键，选择顶部平面框左右的中点，将会定位到该平面的中点，如图 8-7 所示。

图 8-7　选择安装点位置

> 提示：
>
> 对象捕捉是 3D 逻辑定义中十分重要的内容。在状态栏上打开 🧲【对象捕捉】开关有利于快速定义所需的点。

三维空间选择的点很重要，选择不同的点将导致最终安装点的位置变化，因此操作前推荐多角度观察来确定希望捕捉的点。操作过程中有时也可以通过右击选择【放置选项】或者按住快捷键〈Ctrl+W〉来增加一些偏移量，如图 8-8 所示。

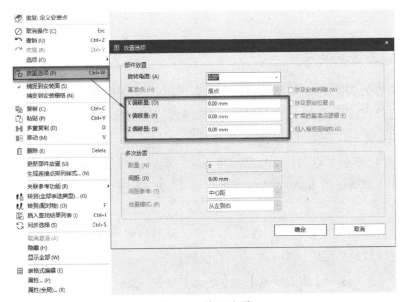

图 8-8　放置选项

当安装点确定以后，可以双击安装点，为安装点指定名称和描述，如图 8-9
所示。

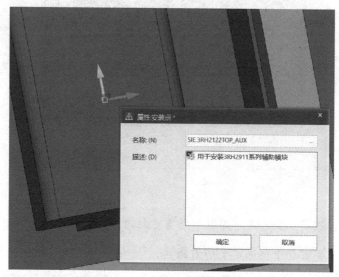

图 8-9　为安装点指定名称和描述

 提示：

清晰明确的安装点名称对于长期高质量维护部件库有促进作用。

8.3.2　设备逻辑的定义

下面将为 3RH2911 辅助模块定义设备逻辑。辅助模块需要接线，因此也需
要定义连接点排列样式。这部分操作与接触器连接点排列样式的创建方式相同。
限于篇幅，此处仅介绍放置区域与基准点的定义。

在导入 3D 模型以后，此模型为单一组件组成，因此不需要合并。组件的功
能定义为【常规设备】，格式标签下的层为【EPLAN562，3D 图形 . 设备】，因此
不需要修改。

下面开始定义放置区域，在定义放置区域时需要考虑安装点与基准点的结
合。放置区域的平面应该为卡扣的中心位置。

选择【插入】→【放置区域】→【定义】命令，找到卡扣中心的面，如图 8-10
所示，但发现此中心面为曲面，放置区域无法定义。

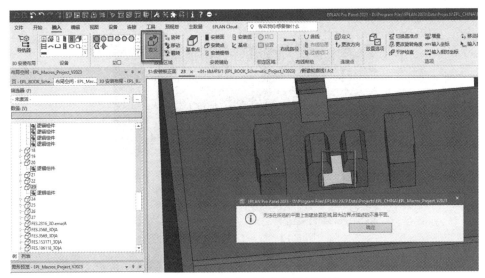

图 8-10　无法在曲面上定义放置区域

因此只能先将放置区域定义在其他位置，然后将放置区域【移动】到底部表面的位置。重新执行放置区域定义工作，选择【插入】→【放置区域】→【定义】命令，然后选择底部的表面，如图 8-11 所示。定义完成以后通过等轴视图和上视图检查定义是否正确。

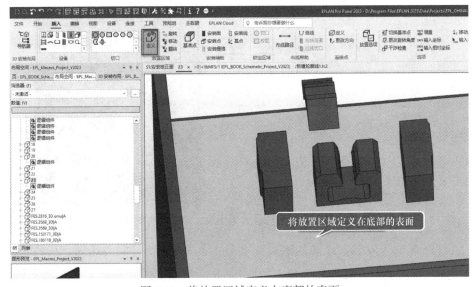

将放置区域定义在底部的表面

图 8-11　将放置区域定义在底部的表面

现在发现当前放置区域位置和预想的位置有一段距离，因此需要移动放置区域到对应的目标位置上，放置区域位置差距如图 8-12 所示。

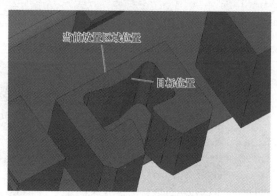

图 8-12　放置区域位置差距

首先测量一下需要移动的长度。选择【开始】→【3D 布局空间】→【测量】命令，然后选择目标位置参考点和当前放置区域相交线来测量相应的距离，如图 8-13所示。

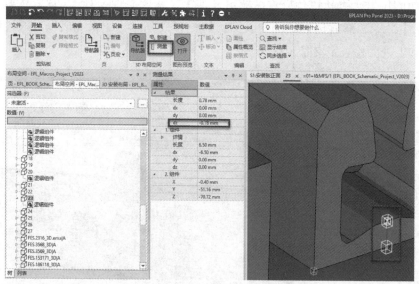

图 8-13　测量目标位置至当前放置区域的长度

可以看到，两个点之间的距离为 Z 轴的相对长度，即 0.78mm。从前视图可以看出，需要移动的距离为负向的 0.78mm。选择【插入】→【放置区域】→【移动】命令，然后手动输入【-0.78mm】即可（输入时会显示文本框），如图 8-14所示。

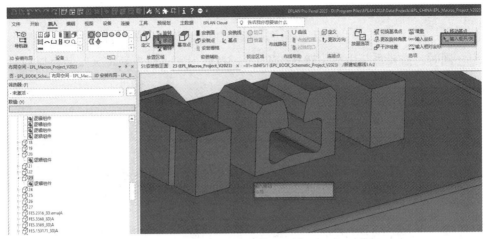

图 8-14　移动放置区域

　　当放置区域确定以后，需要为元件定义用户自定义基准点。由于该设备是对称的，设备中点就是卡扣的中点，因此直接选择就可以。用户自定义基准点的位置如图 8-15 所示。

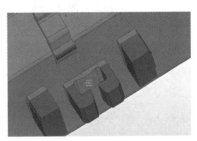

图 8-15　用户自定义基准点的位置

　　双击预定义的基准点，在【属性：基准点】对话框中选择【逻辑】选项卡，取消选中【允许所有的安装点】复选框，然后将定义好的安装点通过 ⊡ 按钮选择到【分配的安装点】框内。分配安装点的操作如图 8-16 所示。

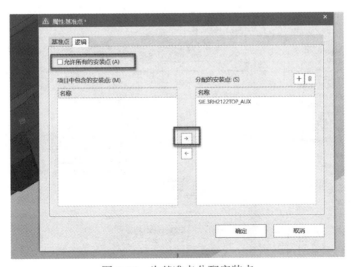

图 8-16　为基准点分配安装点

当安装点与用户自定义基准点关联完成以后，可以填写布局空间中宏相关的参数，然后生成 3D 图形宏。在部件库中建立辅助模块的部件，并关联此图形宏。同时，需要重新生成【3RH2122】的 3D 图形宏，以更新定义安装点以后所做的改变。关联 3D 图形宏的位置如图 8-17 所示。

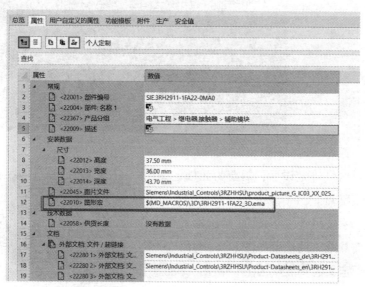

图 8-17　关联 3D 图形宏的位置

在【3RH2122】和【3RH2911】两个部件上关联主附件关系，如图 8-18 所示。

图 8-18　关联主附件关系

8.3.3 部件装配方式

建立好安装点与基准点的关联以后，就能通过【部件选型】对话框对部件及附件选型了，在【3D 布局空间】导航器中，对该设备可以通过拖拽的方式自动装配部件。

在多线原理图中插入主体部件，本例中为【3RH2122】系列部件。在此插入设备的【属性】对话框中切换到【部件】选项卡，然后将【3RH2911】部件选择上。为主体选择附件如图 8-19 所示。

图 8-19　为主件选择附件

在测试用的原理图项目中，创建一个布局空间并插入一个箱柜。在箱柜中插入一个安装导轨，用于放置接触器。

打开【3D 安装布局】导航器，在其中找到原理图中绘制的设备，将其拖放到导轨上，如图 8-20 所示。

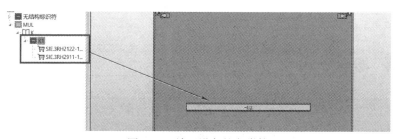

图 8-20　放置设备的主附件

接触器及辅助模块将会被自动装配，如图 8-21 所示。

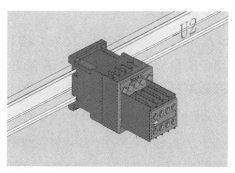

图 8-21　接触器及辅助模块的自动装配

第 9 章
设备的生产数据创建

在 EPLAN Pro Panel 中，开孔数据属于设备的生产数据，本章主要介绍设备的生产数据的制作过程，设备类型为涉及开孔类安装布局的设备，如空调、电风扇等。没有开孔数据是无法实现设备元件的自动开孔的，而且 EPLAN Pro Panel 的重要功能之一"钻孔"设计，也是依托于设备的生产数据创建的。

9.1 概念

控制柜中的设备大部分可以被放置到安装导轨上，但是部分设备仍然需要被放置到安装表面（如安装板、门等）上，需要通过开孔来实现装配。这些开孔可以通过人工开孔来实现，也可以通过数控加工的方式实现。EPLAN Pro Panel 支持将这些安装设备所需的开孔数据自动地在安装面上生成，这些数据在 EPLAN 的部件库中被称为生产数据。

EPLAN Pro Panel 采用钻孔排列样式来存储所有的开孔信息。它支持标准的开孔类型，对于这些类型的生产数据，仅仅需要根据此孔与此元件的外轮廓的坐标关系输入参数即可。这些孔包括钻孔、螺纹孔、长方形孔、腰形孔、六边形孔和八边形孔，如果需要输入这些开孔的参数，请参考 3.4 节的内容。

对于无法通过标准开孔实现的，则可以通过绘制封闭曲线的方法绘制一个轮廓线，开孔的内容可以由轮廓线确定。关于轮廓线的概念，请参考 3.4.1 节的内容。轮廓线可以由 EPLAN 的轮廓线编辑器手动绘制，如果元件制造商提供了开孔的轮廓线的 DWG/DXF 文件，可在轮廓线编辑器中直接插入 DWG/DXF 文件完成编辑。

如果一个产品需要多个开孔才能完成安装，并且厂商提供了完整的开孔 DWG/DXF 文件，则可以在宏项目中自动根据开孔 DWG/DXF 文件生成所需的数据，从而简化数据输入。

9.2　创建过程

本章将介绍如何创建生产数据，因此本章重点关注钻孔排列样式的创建方法和过程。

1）在宏项目中导入需要关联的 3D 模型并合并设备。

2）为所有的元件定义设备逻辑，包括放置区域和基准点等。

3）定义设备的连接点排列样式等相关数据。

4）新建部件，为部件关联图形宏、原理图宏和创建功能模板等信息。

5）创建钻孔排列样式。

如果创建的钻孔排列样式需要通过轮廓线表示，则需要手工绘制轮廓线或者在轮廓线编辑器中插入轮廓线的 DWG 文件，并将轮廓线挪动到原点对应的位置上。

在部件库中创建钻孔排列样式时，对每个开孔（如钻孔、腰形孔和轮廓线等）都要创建一行开孔数据。如果开孔的是轮廓线，则需要根据设备的基准原点与轮廓线中定义的插入点来计算坐标值，并输入对应的坐标参数。

在【部件管理】对话框的【生产】选项卡下可关联钻孔排列样式，如果一个设备有多种装配方式，则需要为它创建多个钻孔排列样式。所有的钻孔排列样式都应该在该选项卡下关联，如图 9-1 所示。

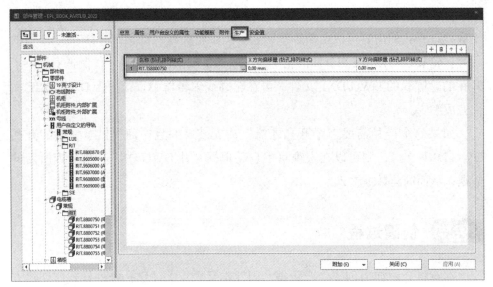

图 9-1　钻孔排列样式的关联

9.3　操作实例

　　下面开始为 Rittal 公司的【3361.510】冷却单元创建 3D 图形宏，此冷却单元的示意图如图 9-2 所示。它可以直接安装于机柜的门上。由于冷却单元体积巨大，因此通过开孔才可以实现可靠安装。

图 9-2　Rittal 公司的冷却单元示意图

冷却单元安装于门上时有三种方式，分别是【外部安装】【半嵌入安装】和【内部安装】，如图 9-3 所示。图 9-3 中已经将安装的相关尺寸标注出来，右侧灰色的面即为机柜的外安装面。

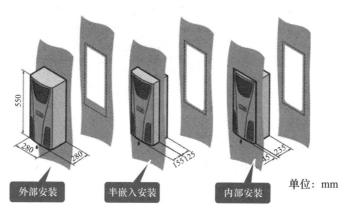

图 9-3　冷却单元的安装方式

首先来定义冷却单元的 3D 图形宏。为了考虑所有的安装方式，需要为此图形宏创建三个变量。由于每一个布局空间的宏属性只可以设置一个宏的变量，因此需要创建三个布局空间来包含所有可能的安装方式。

导入此设备的 3D 模型，并为此 3D 模型定义设备逻辑。导入的元件需要被放置，因此需要定义放置区域和基准点。在它的上面不需要再放置其他的元件，因此不需要定义安装点。由于供电的需要，此元件会有接线，因此需要定义连接点排列样式。限于篇幅，连接点排列样式的内容此处不再赘述，本节将着重介绍钻孔排列样式的创建。

9.3.1　放置区域和基准点的定义

创建或者打开已有的宏项目，选择【文件】→【导入】→【STEP】命令导入 3D 模型，如图 9-4 所示。

3D 模型导入以后，在左侧树状结构中，可以看到此模型由三个组件组成，如图 9-5 所示。

图 9-4　导入 3D 模型

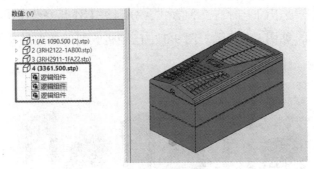

图 9-5　导入模型的组成

对于此常规设备，需要将它们合并成为一个组件，避免将来对报表的生成产生影响。在右侧的图形编辑区通过框选的方式选择所有的组件（注意：从左侧树状结构选择组件无效），然后选择【编辑】→【图形】→【合并】命令，并任意指定基准点即可，如图 9-6 所示。

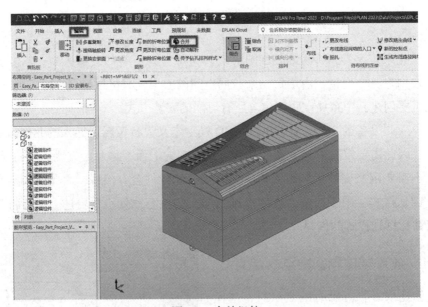

图 9-6　合并组件

合并完成以后，可以在左侧看到此模型仅包含一个逻辑组件。查看此设备的功能定义、组件以及格式。确保此设备的功能定义为【部件放置，常规设备】，组件为【逻辑组件】，格式为【EPLAN562，3D图形 . 设备】，如图 9-7 所示。

旋转模型至合适的位置，选择【插入】→【放置区域】→【定义】命令，为设备进行放置区域定义，如图 9-8 所示。通过等轴视图和上视图等视角切换，确保放置区域定义正确。

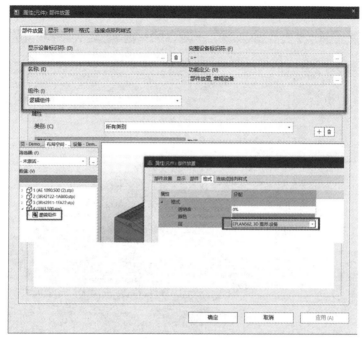

图 9-7　设置设备和逻辑组件

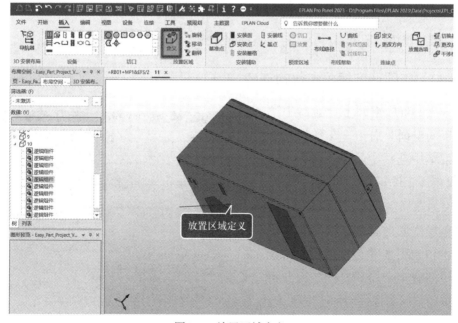

图 9-8　放置区域定义

选择【插入】→【放置区域】→【基准点】命令，选取冷却单元来进行装配基准点定义，如图 9-9 所示。

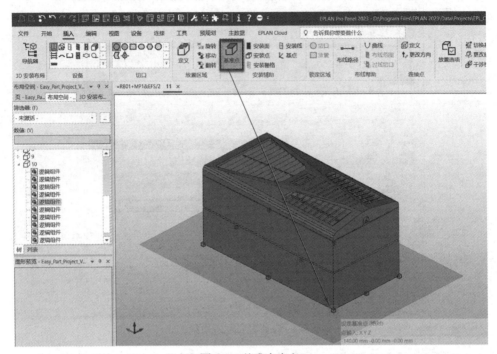

图 9-9　基准点定义

限于篇幅，这里不再介绍连接点排列样式的创建。

9.3.2　3D 图形宏相关参数的创建

在【布局空间】导航器中选择布局空间，右击，在弹出的快捷菜单中选择【属性】命令，在【属性（元件）：布局空间】对话框中为布局空间输入相关的参数，如布局空间的描述，宏名称、宏描述和宏版本等参数信息。由于需要创建多个布局空间，因此可为布局空间的描述增加【变量 A】参数信息，如图 9-10 所示。

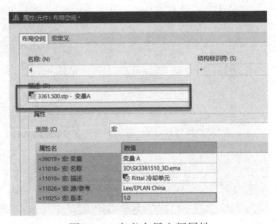

图 9-10　定义布局空间属性

9.3.3　复制布局空间

在【布局空间】导航器中，右击创建好的布局空间【4】，在弹出的快捷菜单中选择【复制】命令，之后选择【粘贴】命令。重新输入布局空间的名称或者选中【自动生成布局空间名称】复选框，然后单击【确定】按钮完成复制，如图 9-11 所示。

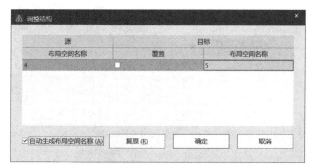

图 9-11　复制布局空间

9.3.4　为复制的设备定义设备逻辑

在【布局空间】导航器中双击新建的布局空间，确保新建的布局空间打开。在新的布局空间中，元件的放置区域和基准点与以前相同，需要被更新。

根据官方的说明书可以了解到，空调安装存在多种安装方式，每种安装方式的安装深度均不同，如安装方式 1 和安装方式 2 之间安装深度有 125mm 的距离差，安装方式 1 和安装方式 3 之间安装深度有 235mm 距离差，其示意图如图 9-12 所示，需要通过放置区域的定义来定义不同的安装深度。

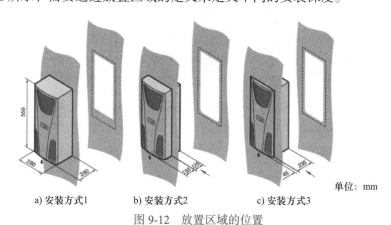

单位：mm

a) 安装方式1　　　　b) 安装方式2　　　　c) 安装方式3

图 9-12　放置区域的位置

选择【插入】→【放置区域】→【移动】命令，在对话框中输入【125】，放置区域将向上移动 125mm。移动放置区域的操作如图 9-13 所示。

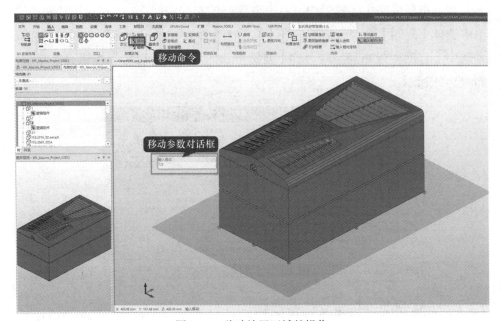

图 9-13　移动放置区域的操作

在新的布局空间重新定义基准点，最终的效果如图 9-14 所示。

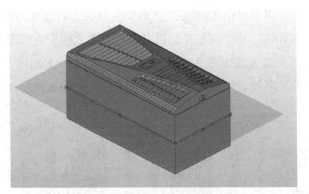

图 9-14　在新的布局空间重新定义基准点

9.3.5　修改新的宏变量

为新建布局空间修改属性，将描述和宏变量修改为【变量 B】即可，宏名称不需要修改，如图 9-15 所示。

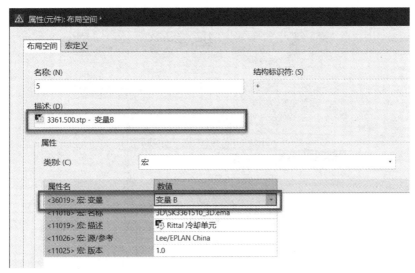

图 9-15　修改新的宏变量

同样，还需要在此复制布局空间，然后移动放置区域和定义基准点，并修改布局空间属性得到变量 C。根据三种不同的安装方式创建三个不同的布局空间，并为其中的模型定义不同的放置区域和基准点，如图 9-16 所示。

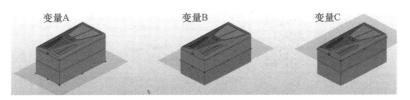

图 9-16　3D 图形宏的三个不同变量

9.3.6　生成 3D 图形宏并在部件中关联

选择【主数据】→【宏】→【导航器】命令，可以看到此设备的 3D 图形宏在【3D 安装布局】表达类型下的三个变量 A、B、C，如图 9-17 所示。通过选择不同的布局空间，确保变量和对应的放置区域定义一致。

右击该元件，在弹出的快捷菜单中选择【自动生成宏】命令，该 3D 图形宏将自动生成。

选择【主数据】→【部件】→【管理】命令，进入部件管理数据库中。新建该部件并输入相关的属性，切换至该部件的【属性】选项卡，关联所创建的3D 图形宏，如图 9-18 所示。

图 9-17　3D 图形宏的三个变量

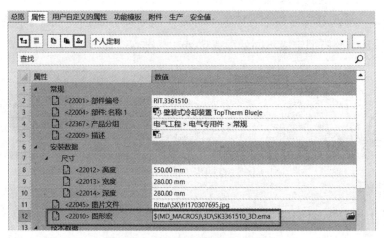

图 9-18　关联所创建的 3D 图形宏

9.3.7　外部安装钻孔排列样式的创建

对于三种不同的安装方式，开孔的方案也不同。这里分别命名为外部安装、半嵌入安装和内部安装，每种安装方式有不同的开孔标注。其中开孔方案来自 Rittal 官方指导 CAD 文件，所有的文件都可以从 Rittal 的官方网站下载。为了更清晰地展示此开孔方案，这里将冷却单元的外轮廓线条更改为【蓝色】，将开孔的线条更改为【红色】。半嵌入安装开孔和内部安装开孔都需要绘制轮廓线才能够完成，外部安装开孔则可以直接随钻孔排列样式的创建来实现。不同安装方式的开孔尺寸示意图如图 9-19 所示。

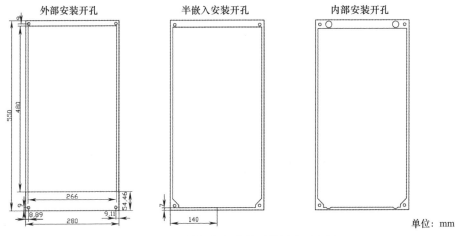

图 9-19　不同安装方式的开孔尺寸示意图

首先新建外部安装开孔的钻孔排列样式。选择【主数据】→【部件】→【管理】命令进入部件管理库，在【部件管理】对话框中，选择钻孔排列样式分类，右击，在弹出的快捷菜单中选择【新建】命令，如图 9-20 所示。

图 9-19 彩图

图 9-20　新建钻孔排列样式

在【部件管理】对话框的【属性】选项卡中，输入钻孔排列样式的名称【RIT.SK3361xxx AB】，如图 9-21 所示。

图 9-21　输入钻孔排列样式的名称

切换到【切口】选项卡，通过右侧【+】按钮新建钻孔。对于每一个开孔，需要为其创建一行钻孔的信息。每一类开孔的填写方式不同，比如对于类型为钻孔的开孔，需要输入它的圆心相对于原点（外轮廓左下角）的 X/Y 位置以及它的直径，其他相关信息见 3.4 节。对于外部安装，一共需要创建四个钻孔和一个长方形孔，这些输入的钻孔信息和实际钻孔的对应关系如图 9-22 所示。

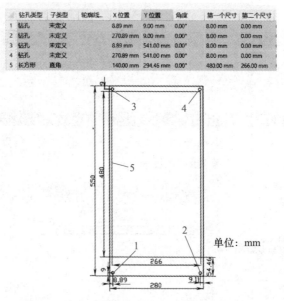

图 9-22　输入的钻孔信息和实际钻孔的对应关系

9.3.8 半嵌入安装钻孔排列样式的创建

对于半嵌入安装的系统，其中部的开孔不再是长方形孔，而是一个不规则的轮廓线，因此首先要绘制一条封闭的轮廓线。

选择【主数据】→【轮廓线 / 构架】→【轮廓线（NC 数据）】→【新建】命令，新建一条轮廓线，选择一个轮廓线保存的位置，并选择【保存】命令。然后在弹出的【轮廓线属性 - 新建轮廓线】对话框中单击【确定】按钮。EPLAN 软件平台将打开轮廓线编辑器设计界面，用于绘制轮廓线。新建轮廓线的操作命令如图 9-23 所示。

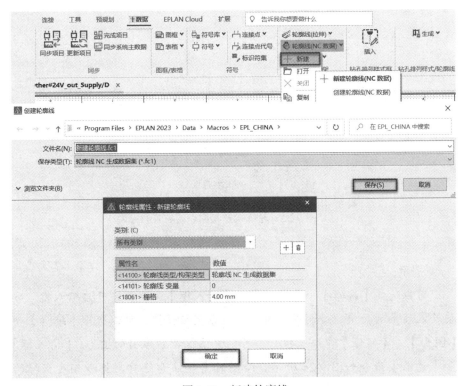

图 9-23　新建轮廓线

在轮廓线编辑器中选择【插入】→【图形】命令组，使用 【直线】、【折线】或者 【曲线】等绘制轮廓线；也可以选择【DXF/DWG】→【插入图形】命令，将此轮廓线的 CAD 文件直接插入并将图形放置于图中。插入图形或者 CAD 文件如图 9-24 所示。

图 9-24　插入图形或者 CAD 文件

　　使用图形命令绘制轮廓线时，需要让线条首尾相连，形成一条封闭的曲线。另外，务必注意轮廓线原点的位置，因为需要根据此原点和外轮廓上的原点来确定钻孔排列样式中轮廓线 X/Y 偏移量的数值。此处将轮廓线的原点设定在底部线段的中点处，轮廓线及其原点的位置如图 9-25 所示。

轮廓线原点

图 9-25　轮廓线及其原点的位置

提示：

　　可以选择【编辑】→【选项】→【输入框】命令始终开启输入框，方便输入线条的数值。绘制图纸时，如果希望做镜像，可以选择【编辑】→【图形】→【镜像】命令来执行，否则无法保留镜像前的图形。【输入框】和【镜像】命令如图 9-26 所示。绘图时需要注意绝对坐标和相对坐标的区别。

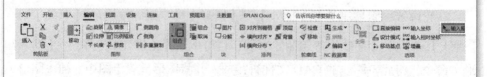

当图形绘制完成以后，需要检查图形是否为封闭曲线。选择【编辑】→【轮廓线】→【检查】命令，执行轮廓线检查，如果弹出【轮廓线检查成功】提示框，则表明轮廓线封闭没有问题。如果失败，需要修改相应的轮廓线数值。检查轮廓线操作如图 9-27 所示。

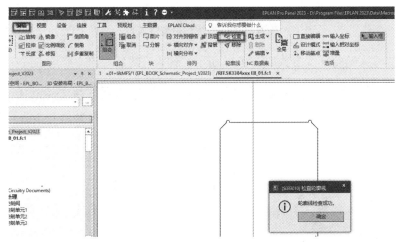

图 9-27　检查轮廓线

选择【主数据】→【轮廓线 / 构架】→【轮廓线（NC 数据）】→【关闭】命令，关闭轮廓线，由此轮廓线绘制完成。关闭轮廓线操作如图 9-28 所示。

图 9-28　关闭轮廓线

选择【主数据】→【部件】→【管理】命令打开【部件管理】对话框，在该对话框中重新创建一个钻孔排列样式，并为此钻孔排列样式命名为【RIT. SK3361xxx TB】。切换到【切口】选项卡，单击【+】按钮创建开孔信息，此处需要新建四个钻孔和一个轮廓线的信息。钻孔信息的输入方式与外部安装的钻孔排列样式相同。这里仅介绍轮廓线数值的输入。

新建一行，钻孔类型选择【用户自定义的轮廓线】，通过轮廓线名称选择创建好的轮廓线。然后输入轮廓线原点相对于元件外轮廓原点形成的 X/Y 位置的数值。

外轮廓与轮廓线原点如图 9-29 所示。

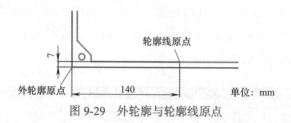

图 9-29　外轮廓与轮廓线原点

最终输入的轮廓线参数如图 9-30 所示，输入完成后单击【应用】按钮保存。

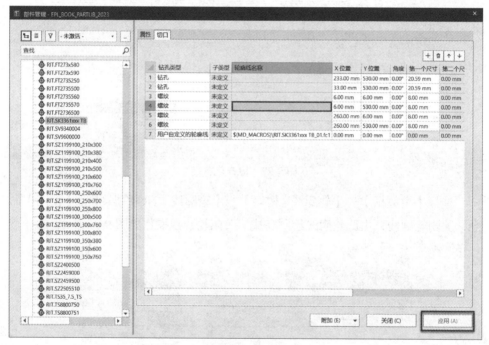

图 9-30　最终输入的轮廓线参数

9.3.9　内部安装钻孔排列样式的创建

对于内部安装钻孔排列样式，由于创建的内容相对复杂，并且制造商已经提供了钻孔信息的 CAD 文件，可以考虑通过自动生成的方式来实现。

接下来精简制造商提供的钻孔信息 CAD 文件，仅保留内部安装钻孔的图纸，然后另存为一个 CAD 文件。

在宏项目中新建一个图页，页类型选择【<40> 模型视图（交互式）】，如图 9-31 所示。考虑到此设备较大，因此将比例修改为【1∶3】，如图 9-31 所示。

图 9-31　新建模型视图

选择【插入】→【外部】→【DXF/DWG】命令，然后选择所需的 CAD 文件，导入 CAD 文件到 EPLAN 中，操作命令如图 9-32 所示。

图 9-32　导入 CAD 文件

导入过程中会弹出【导入格式化】对话框，需要将缩放比例修改为【1∶1】以保证尺寸的正确。导入时缩放比例选择界面如图 9-33 所示。

将图形放置于图纸之中，删除不必要的信息，仅保留外轮廓与安装开孔，如图 9-34 所示。注意，这些图形的颜色为 CAD 中标明的颜色，如果从官方下载图形，颜色可能不同。

通过〈CTRL+A〉快捷键或者框选，选择所有的圆形。在其中一个圆形上右击，在弹出的快捷菜单中选择【属性】命令，进入【属性（弧 / 扇形 / 圆）】对话框。修改图形的层为【EPLAN 803，图形 . 生成钻孔排列样式 . 钻孔】，如图 9-35 所示。

图 9-33　导入时缩放比例的选择

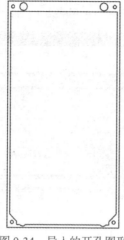

图 9-34　导入的开孔图形

图 9-34 彩图

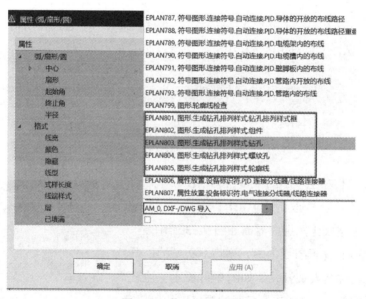

图 9-35　修改图形的层

将其颜色修改为【源自层】，如图 9-36 所示。

确保所有的钻孔颜色都为绿色。然后选择轮廓线的所有部分，不能有遗漏，将轮廓线的层修改为【EPLAN 805，图形 . 生成钻孔排列样式 . 轮廓线】，颜色修改为【源自层】，确保整个轮廓线的颜色为黄色。最终效果如图 9-37 所示。设备外轮廓图形的图层为普通图形，不做设定。

图 9-36　修改图形颜色

图 9-37　最终效果

图 9-37 彩图

选择【主数据】→【钻孔排列样式框】→【插入】命令，其操作如图 9-38 所示。

图 9-38　插入钻孔排列样式框

插入钻孔排列样式框时需要框住开孔的图形，并弹出【属性（元件）：钻孔排列样式框】对话框。在该对话框中，输入钻孔排列样式的名称和轮廓线子目录，如图 9-39 所示，单击【确定】按钮。

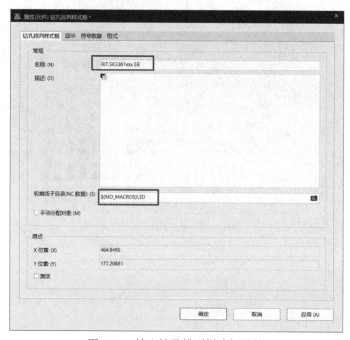

图 9-39　输入钻孔排列样式框属性

　　右击已经插入的钻孔排列样式框，在弹出的快捷菜单中选择【移动原点】命令，将原点移动至外轮廓的原点上，如图 9-40 所示。

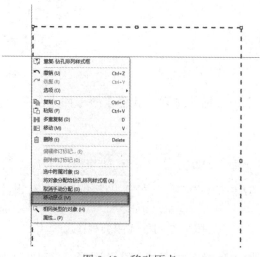

图 9-40　移动原点

提示：

　　如果此处的原点与外轮廓的原点不一致，还可以在关联钻孔排列样式时输入偏置的参数。

　　选择【主数据】→【钻孔排列样式/轮廓线】→【生成】→【自动从宏项目】命令生成钻孔排列样式。在弹出的【自动生成钻孔排列样式】对话框中，如果需要将宏项目中的所有钻孔排列样式生成，则单击【是】按钮。单击【否】按钮将根据选择生成钻孔排列样式，如图 9-41 所示。

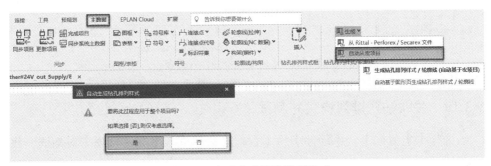

图 9-41　自动生成钻孔排列样式

　　在弹出的【生成钻孔排列样式】对话框中会提示钻孔排列样式生成数量和钻孔数量，可检查是否正确，如图 9-42 所示。

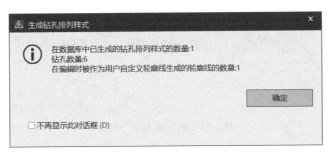

图 9-42　生成钻孔排列样式的内容

　　选择【主数据】→【部件】→【管理】命令进入【部件管理】对话框，找到生成的钻孔排列样式，检查其正确性，如图 9-43 所示。

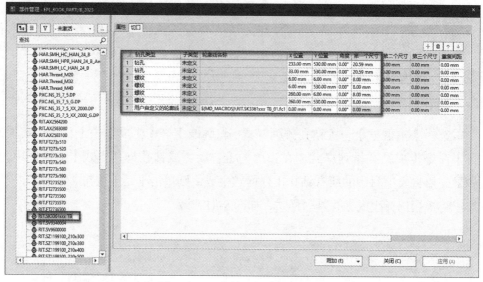

图 9-43　生成钻孔排列样式检查

9.3.10　关联钻孔排列样式并测试

选择【主数据】→【部件】→【管理】命令进入【部件管理】对话框，找到新建的冷却单元部件，然后切换到【生产】选项卡，在此关联创建的三个钻孔排列样式。这里也可以通过偏置来修正创建钻孔排列样式的基准原点不同的问题。其操作界面如图 9-44 所示。

	总览　属性　用户自定义的属性　功能模板　附件　生产　安全值		
	名称（钻孔排列样式）	X 方向偏移量（钻孔排列样式）	Y 方向偏移量（钻孔排列样式）
1	RIT.SK3361xxx AB	0.00 mm	0.00 mm
2	RIT.SK3361xxx TB	0.00 mm	0.00 mm
3	RIT.SK3361xxx EB	0.00 mm	0.00 mm

图 9-44　关联钻孔排列样式

可以打开一个用于测试的原理图项目，在该项目的布局空间中插入一个箱柜，但仅显示门用于测试。在插入设备测试以前，先检查一下部件是否同步。选择【主数据】→【部件】→【同步】命令同步部件数据，部件同步操作如图 9-45 所示。

图 9-45　部件同步操作

确保新建的钻孔排列样式与项目中的相同，否则在【部件同步】对话框中单击 ⬅ 按钮同步数据，如图 9-46 所示。

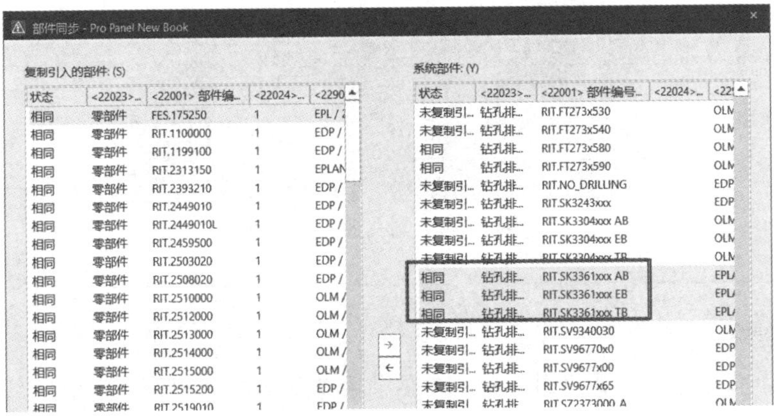

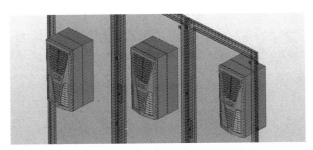

图 9-46　同步数据

在【插入中心】对话框中查找该设备，然后拖拽至布局空间中并将设备放置于箱柜的门上。通过〈Tab〉键可以切换 3D 图形宏的三个不同变量，从而实现不同的安装方式布局。设备放置以后，将弹出【钻孔排列样式选择】对话框，根据实际布局方式选择对应的钻孔排列样式，最终的效果如图 9-47 所示。

图 9-47　冷却单元的不同安装方式布局

选择【视图】→【3D 视角】→ ⬚【3D 视角后视图】命令切换到门的后视图，并选择【视图】→【布局空间】→【钻孔视图】命令开启钻孔视图。其操作如图 9-48 所示。

图 9-48　开启钻孔视图

检查钻孔视图的正确性，如图 9-49 所示。

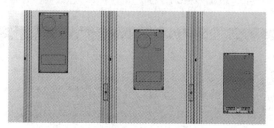

图 9-49　检查钻孔视图的正确性

 提示：

　　如果选择【钻孔视图】命令后依然无法显示钻孔视图，可能是钻孔设置或者部件同步有问题，也可能是箱柜设置有问题。箱柜中的开孔组件，其外部安装面必须设置【区域大小】。为了排除箱柜的问题，推荐采用系统自带的 Rittal 机柜用于钻孔测试。

第 10 章
无 3D 模型部件数据创建

3D 模型是 EPLAN Pro Panel 应用的基础。但是，创建 3D 模型需要花费很多的时间和精力。因此，在一些特殊情况下，如果没有 3D 模型并希望通过 EPLAN Pro Panel 完成布局工作，可以直接在安装数据中填写相关字段，以这些信息为基础完成初步的布局工作。

10.1 概念

安装数据包含多个字段，包括部件的尺寸、质量，关联的文件、图片，以及其他与模型布局相关的信息。正确填写这些信息是保证工程应用的关键。对于仅包含尺寸的部件，也可以为它们创建连接点排列样式、钻孔排列样式，但是连接点排列样式的坐标信息需要自己根据实物测量，无法通过鼠标选择获取。钻孔排列样式的创建方法与 3D 模型无关，可以参照 3.4 节介绍生产数据创建的相关内容。

关于尺寸输入、安装间隙、图片文件和宏文件等相关数据信息，请查阅 3.6 节相关的内容。

对于仅输入尺寸用于布局的部件，还需要了解夹持高度、中点偏移量、安装深度和纹理的概念。

10.1.1 夹持高度

夹持高度仅用于 EPLAN Pro Panel 3D 安装布局应用，它表示设备卡扣在安装导轨上的嵌入深度，夹持高度的单位为 mm。图 10-1 中位置【1】标注的距离即为夹持高度，黄色的部分为安装导轨切面。

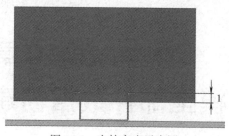

图 10-1 夹持高度示意图

图 10-1 彩图

10.1.2 中点偏移量

中点偏移量仅与 EPLAN Pro Panel 3D 安装布局有关，如果一个元件需要安装在安装导轨上，则此属性表示该元件垂直于安装导轨走向的偏移量。图 10-2 中，元件①中点偏移量为 0；元件②中点偏移量为正值；元件③中点偏移量为负值。

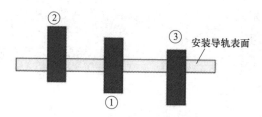

图 10-2 中点偏移量示意图

10.1.3 安装深度

当设备不使用 3D 图形宏时才会考虑安装深度。当一个元件被直接布局在安装面上时，此元件相对于安装面偏置的深度为该元件的安装深度，其单位为 mm。图 10-3 中，各个数字指示的对象的含义是：①组件（门）；②安装面；③部件放置；④安装深度为 50mm。

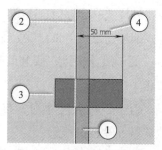

图 10-3 安装深度示意图

10.1.4 纹理

纹理为一个图片文件，当元件安装完成以后，其纹理图片将被映射到已放置对象的正面。通过纹理的设定，可以在没有 3D 图形宏的情况下更形象地表示该元件的特征。

10.2 创建过程

在没有 3D 模型时，可根据 3D 尺寸来实现布局，其创建部件的过程与常规的创建部件的过程并没有太大的差别。操作步骤如下：

1）创建部件。按照 EPLAN Electric P8 中关于创建部件的要求创建，填写商业数据、功能参数、功能模板和文档等。

2）填写安装数据字段。为部件填写的安装数据包括尺寸、质量、安装间隙和纹理等，并关联图片文件；对于安装于安装导轨上的设备，应填写夹持高度、中点偏移量；对于直接安装于安装面上的设备，则应考虑安装深度。

3）根据说明书和实际产品，创建并关联连接点排列样式和钻孔排列样式。

10.3 操作实例

本节将为 ABB 的产品型号为 S202M-B10 的断路器创建一个部件，并着重介绍它的 3D 生产数据的填写。

10.3.1 新建部件并输入基本信息

选择【主数据】→【部件】→【管理】命令进入【部件管理】对话框，通过右击在弹出的快捷菜单中选择【新建】命令创建一个新建部件，在其【属性】栏中输入部件的相关信息，包括部件产品分组、部件编号、类型号码、制造商、订货编号等，如图 10-4 所示。

属性	数值
▲ 常规	
<22001> 部件编号	ABB.2CDS272001R0105
<22004> 部件: 名称 1	微型断路器 - S200M - 2P - B - 10 A
<22367> 产品分组	电气工程 > 安全设备 > 常规
<22009> 描述	System pro M S200M微型断路器属于电流限制型。它们有两种不
<22005> 部件: 名称 2	
<22007> 制造商	ABB
<22003> 订货编号	2CDS272001R0105
<22002> 类型号码	S202M-B10

图 10-4　新建部件的相关信息

10.3.2　其他信息及功能信息

输入基本信息后，可为部件输入其他的信息，如认证、文档等信息。对于断路器，不需要为其创建宏文件，因此在功能模板上为它直接创建功能定义即可，如图 10-5 所示。

图 10-5　创建功能定义

10.3.3　尺寸、安装间隙和图片的填写

关于尺寸和文件关联，可以参考 3.6 节，为此设备输入 3D 的尺寸，由于设备不存在散热的问题，因此安装间隙为 0，并关联此设备的图片，如图 10-6 所示。

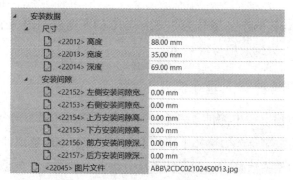

图 10-6　尺寸、安装间隙和图片

10.3.4　生产数据其他参数填写

由于此断路器会被安装于安装导轨之上，因此不需要填写安装深度。考虑到实物的装配问题，为其输入的夹持高度为 6.8mm，这样模型在安装时可以被嵌入安装导轨之中，与实际的装配类似。当断路器安装好以后，设备相对于中心线略微有一些向上的移动，这里输入 0.4mm 来偏置安装导轨的安装。输入的尺寸参数均为估算尺寸，实际应用时需要根据产品测量获得，最后添加此产品的纹理的图片，如图 10-7 所示。

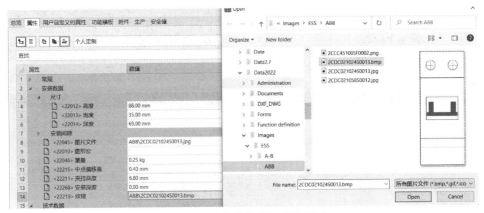

图 10-7　生产数据其他参数填写

10.3.5　连接点排列样式的创建

由于本设备直接安装在安装导轨上，因此不需要创建钻孔排列样式。下面将介绍连接点排列样式如何测量及创建。在这里将根据一个 3D 模型来介绍如果通过测量实物取得连接点的 X/Y/Z 坐标信息。

如图 10-8 所示，图中的 3D 模型用来替代产品的实物。首先需要确定它的安装方向，这里的方向以图 10-8 中的放置区域来展示。实际模型可以按照图中放置区域的摆放方式摆放，从而便于测量其中连接点的相关尺寸。

在图 10-8 中，原点的坐标为 (0, 0, 0)，但原点不一定在设备本体之上（包括此图中设备的原点），它是此设备按照坐标系获得的极限位置。所有在此设备上的点，其 X/Y/Z 坐标值均大于等于 0。

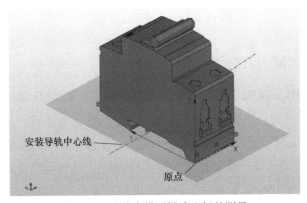

图 10-8　连接点排列样式坐标的测量

在【部件管理】对话框中新建一个连接点排列样式，将此产品通过测量得到的坐标位置输入，其他参数如向量、连接方式和连接点截面积等信息根据实际情况输入，如图 10-9 所示。

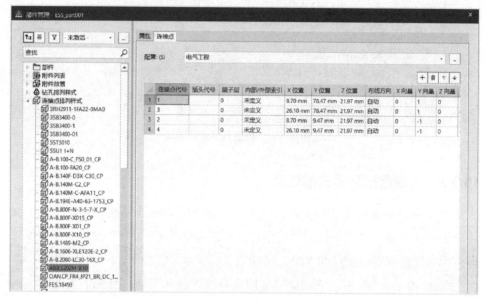

图 10-9　创建连接点排列样式

在该部件的【属性】选项卡下的【数据】条目区中，找到【连接点排列样式】条目，关联已经创建的连接点排列样式，如图 10-10 所示。

图 10-10　关联连接点排列样式

10.3.6　部件测试

在测试的 3D 安装板中放置一根安装导轨，并将此设备放置于安装导轨之上，如图 10-11 所示。根据输入的 3D 尺寸，系统将自动生成一个长方体的设备模型。由于添加了纹理的图片，因此可以在设备正上方看出此设备大致的轮廓信息。设备考虑了安装于安装导轨上的夹持高度，因此可以看到设备嵌入安装导轨一些距离。对于中点偏移量，由于此设备基本处于对称状态，此数值较小，因此看起来并不明显。

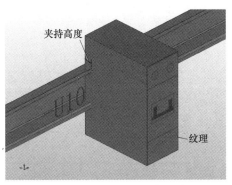

图 10-11　无 3D 模型设备的放置

选择【视图】→【布局空间】→【连接点代号】和【连接点方向】命令，可以显示制作的连接点的位置、代号名称和连接点的出线方向，如图 10-12 所示。

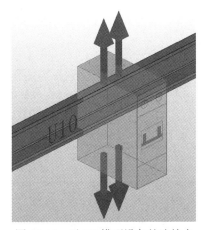

图 10-12　无 3D 模型设备的连接点

这样，即使设备没有 3D 模型，依然可以根据此产品的 3D 尺寸为其创建相应的部件安装数据，从而以相对妥协的手段来创建符合工程应用的部件。

第 3 部分　工程设计篇

第 11 章
箱柜设计

在 EPLAN 电气设计中，箱柜设计是非常重要的一个环节。关于箱柜设计的部件数据创建，在本书中的第二部分基础数据篇有相关的内容阐述。对于箱柜而言，从字面意思上有两种类型，即箱体和柜体：在 EPLAN 部件数据管理中对于箱柜的箱体是通过【箱柜本体】来进行分类的；对于柜体则使用【常规】来加以分类。如果仍不易理解箱体和柜体的含义，可通过威图的 AE 箱体系列了解箱体的结构和箱体附件，通过威图的 VX25 系列以及 TS8 系列了解柜体的结构。本章将向读者分别讲解在 EPLAN Pro Panel 中怎样进行柜体设计和箱体设计。

11.1　柜体设计

本节将以威图新一代 VX25 系列标准柜体为例，讲解在 EPLAN Pro Panel 中怎样进行柜体设计。关于 VX25 柜体产品，从机械结构角度看，它由框架、侧板、背板、底座、盖板、前门、冲孔型材、门锁、安装板以及附件系统组成，如图 11-1 所示。

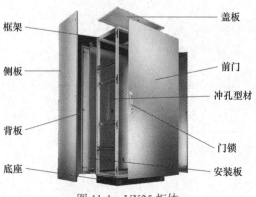

图 11-1　VX25 柜体

当对柜体组件了解后，就可以清楚柜体装配的主要要素了，EPLAN Pro Panel 可实现的柜体设计有如下内容：柜体放置、并柜设计、柜体附件安装、冲孔型材装配。

在使用 EPLAN Pro Panel 进行设计时，有两种授权模式，一种是 Electric P8+Pro Panel 应用插件模式，一种是 Pro Panel 独立安装版模式。两种授权形式都可以进行 EPLAN Pro Panel 布局设计，在两种模式下，都需要先进行设计环境切换，选择 EPLAN 界面右上角的【工作区域】命令进入【选择工作区域】菜单栏，选择【Pro Panel】工作区域项，快速切换到 EPLAN Pro Panel 设计环境，如图 11-2 所示。

图 11-2　EPLAN Pro Panel 工作区域切换

EPLAN Pro Panel 整体设计环境如图 11-3 所示。

 提示：

通过工作区域的快速切换，可以快速进入 3D 设计模式并快速开启相关界面设置。

11.1.1　柜体放置

关于柜体的放置，操作步骤如下：

（1）创建布局空间

选择【开始】→【3D 布局空间】→【新建】命令，创建布局空间，如图 11-4 所示。

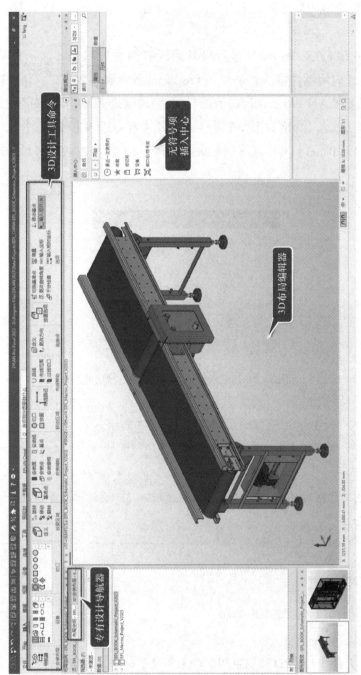

图 11-3　EPLAN Pro Panel 整体设计环境

图 11-4 创建布局空间

（2）定义布局空间属性

通过定义布局空间属性，可增强布局空间的可读性，使数据显示更清晰，主要赋值内容为名称、描述和结构标识符，如图 11-5 所示。对于结构标识符，有些设计师会忽略此属性赋值，此赋值比较隐晦，但它能帮助用户将柜体设计同原理图纸设计相结合，以符合整个项目的结构设计和 IEC 81346 的结构管理标准，对于后期元件布局设计的优化显示有很好的效果。

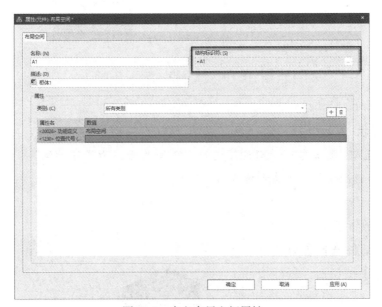

图 11-5 定义布局空间属性

（3）插入柜体

选择【插入】→【设备】→【箱柜】命令，插入柜体，如图 11-6 所示。

（4）选择柜体部件

选择【箱柜】命令后，进入 EPLAN

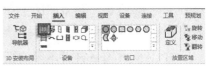

图 11-6 插入柜体

本地部件库中，在部件库中选择所需要的柜体型号【RIT.8806000】，如图 11-7 所示。

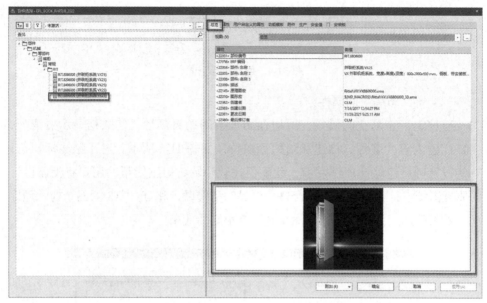

图 11-7 选择柜体型号

 提示：

　　EPLAN 新版本对于部件库进行了创新改进，为了便于浏览，增加了
【总览】选项卡，并可自定义显示内容。

（5）放置柜体

在【部件选择】对话框中单
击【确定】按钮后，鼠标指针上
随动出现所选柜体的 3D 模型，
输入箱柜的插入坐标值【0 0 0】，
按〈Enter〉键进行确定。放置
过程中，坐标输入界面如图 11-8
所示。

EPLAN Pro Panel 并不限制柜
体的插入位置，可以在空间的任
何位置插入，但建议用户对柜体
进行坐标输入，特别是第一个柜

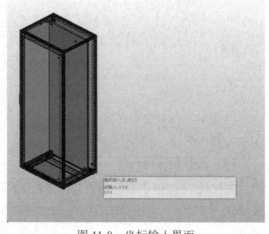

图 11-8 坐标输入界面

体，这主要是为了后期的接口数据交换，如可以将 EPLAN Pro Panel 的 3D 数据导入另外一款设计工具 EPLAN Harness proD 中，这样输入的坐标就很有意义了。关于输入坐标，需要开启输入框，选择【插入】→【选项】→【输入框开 / 关】命令可开启，如图 11-9 所示。

图 11-9　开启输入框

（6）完成柜体放置

按〈Enter〉键完成柜体放置后，柜体以【0 0 0】坐标插入布局空间中，柜体显示可能偏移。此时可通过状态栏中的  【整个页】命令整体显示全部内容，EPLAN Pro Panel 新版修改了整体显示的命令位置，挪移该命令到状态栏中，如图 11-10 所示。

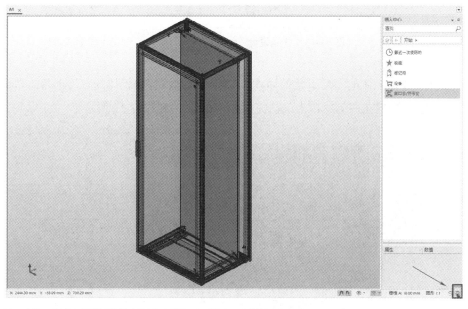

图 11-10　整体显示全部内容

11.1.2　柜体并柜设计

在第一个柜体放置的基础上，用户可以进行并柜设计，选择【插入】→【设备】→▦【箱柜】命令，再次选择【RIT.8806000】柜体。柜体模型随鼠标而动，当柜体靠近被并柜柜体时，会自动显示出被并柜柜体的基准点为蓝色立方体，基点为亮蓝色立方体，安装点为绿色立方体，要并柜的柜体的插入点为橙色立方体，如图 11-11 所示。

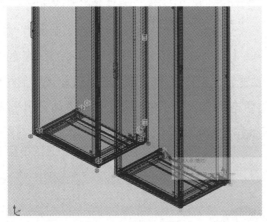

图 11-11　并柜设计　　　　　图 11-11 彩图

将要并柜柜体的左后下角的插入点（橙色）同被并柜柜体的右后下角的基准点（蓝色）捕捉在一起，单击确认完成并柜设计，如图 11-12 所示。

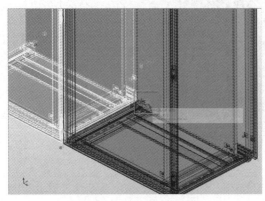

图 11-12　并柜基准点捕捉　　　　　图 11-12 彩图

提示:

　　并柜后,通过不同的 3D 视角可以检查并柜后的效果,比如高低与前后间距偏差,如图 11-13 所示。

　　例如,通过 【3D 视角上视图】命令,可以检查前后并柜位置,如图 11-14 所示。

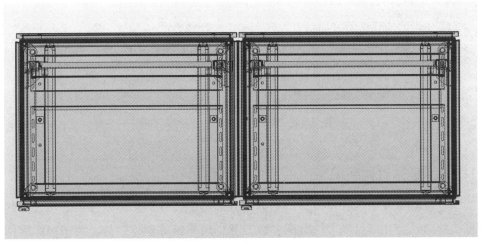

图 11-14 上视图视角并柜检查

　　通过 【3D 视角前视图】命令,可以检查上下并柜位置,如图 11-15 所示。

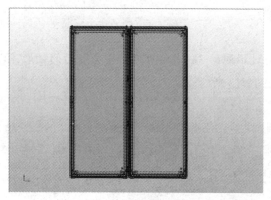

图 11-15   前视图视角并柜检查

 提示：

　　每个柜体基本上有四个基准点和一个插入点，设计师在并柜过程中可以通过快捷键〈A〉或者选择【插入】→【选项】→【切换基准点】命令来切换插入的位置，如图 11-16 所示。

11.1.3　柜体附件装配

　　完成柜体并柜后，可以进行柜体附件的装配设计，柜体附件装配包含有侧板、底座、冲孔型材的二次装配，以及并柜填充板等柜体附件。关于柜体附件的定义，可以参考第 4 章或者威图产品示例。EPLAN 的附件管理及装配设计是 EPLAN Pro Panel 极具特色的功能，该功能的应用深度取决于柜体配置化及标准化的深度。希望本节的描述和操作过程能让用户初步理解 EPLAN Pro Panel 的附件管理和装配管理，如果管理得当，可以让 3D 布局设计事半功倍，同时助力后期的复用设计。

　　关于附件管理，在部件管理库中的定义如图 11-17 所示。

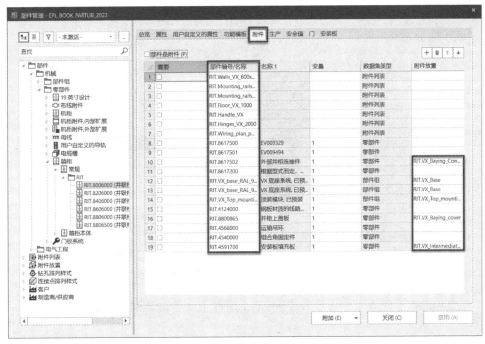

图 11-17　柜体附件管理

1. 侧板装配设计

在威图柜体管理中，作为产品模块化的一部分，侧板为单独的部件订货项，标准柜体供货不含有侧板。用户应根据柜体的使用情况来决定采购侧板的数量，如图 11-18 所示，三个并联柜体只需要订购一对侧板即可，用于装在并联柜体的左侧和右侧。

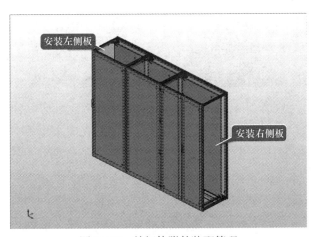

图 11-18　并柜体附件装配管理

1）用鼠标选中要装配右侧板的柜体，如图 11-19 所示，该柜体会以高亮模式显示。

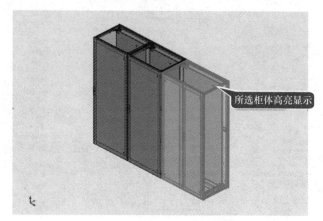

图 11-19　附件装配柜体选择

2）选择【插入】→【设备】→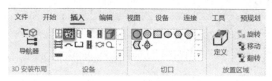【附件】命令，如图 11-20 所示。

图 11-20　插入【附件】命令

3）弹出【附件选择】对话框，如图 11-21 所示。

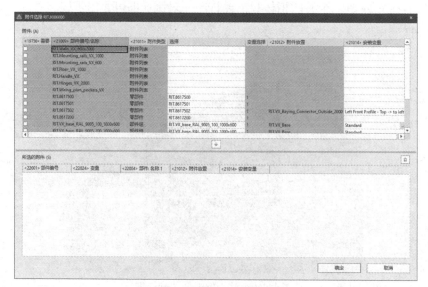

图 11-21　【附件选择】对话框

4）选择侧板部件，弹出【选择附件】对话框，如图 11-22 所示。

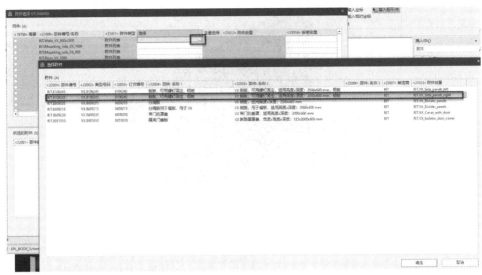

图 11-22 【选择附件】对话框

5）单击【确定】按钮完成附件的选择，返回【附件选择】对话框，通过对话框中的 ↓ 按钮将侧板添加到【所选的附件】栏中，如图 11-23 所示。

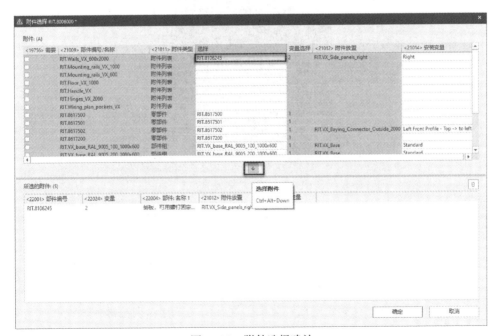

图 11-23 附件选择确认

6）单击【确定】按钮完成右侧板的安装，安装后的结果如图 11-24 所示。

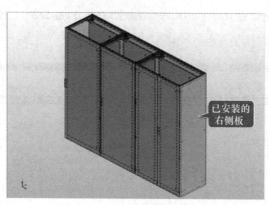

已安装的
右侧板

图 11-24 完成右侧板的安装

7）按上述步骤完成并联柜体左侧板的安装，左侧板的安装和右侧板的安装的区别在于选择最左侧柜体，以及选择附件放置时侧板的附件放置方式为左侧。结果可通过西南等轴视图观察，如图 11-25 所示。

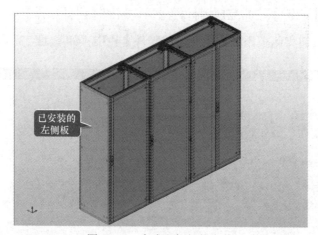

已安装的
左侧板

图 11-25 完成左侧板的安装

 提示：

在 EPLAN Pro Panel 中，为了增强显示效果，可对箱柜附件做透明度处理，以便于观察柜内元件的安装，但附件装配完成后，透明的附件有时在视觉上并不能让人感觉到已经装配。这种情况下可以调整附件的透明度，

以便于进行附件的识别。按住〈Shift〉键，双击左侧板或者右侧板进入
【属性（元件）：部件放置（3D）】对话框，选择【格式】选项卡的【透明
度】条目，将其值修改为【0%】，如图 11-26 所示。这样安装的侧板就比较
容易辨识了。如果是临时性观察，观察后又希望切换回默认的透明度状态，
最佳方式就是使用 EPLAN 的图层管理来整体调整。

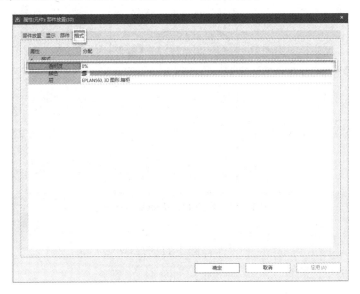

2. 柜体底座装配设计

对柜体而言，底座也是一个重要的安装附件，
EPLAN Pro Panel 可以根据底座的应用情景采用模
块化设计和配置管理。例如，可以选配 100mm 高底
座或者 200mm 高底座，而底座的左右挡板也可以
根据电缆走线方式的不同选择是否进行选装。利用
EPLAN Pro Panel 的附件管理功能可以进行配置和模
块化管理，如威图的柜体系统就有如图 11-27 所示的
附件装配。

底座的应用组合也是多样的，如图 11-28 所示为
威图 Flex-Block 底座系统。

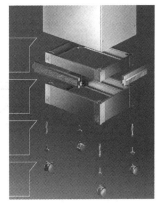

图 11-27 底座及附件

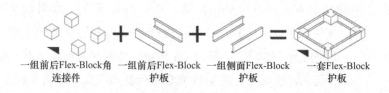

一组前后Flex-Block角　一组前后Flex-Block　一组侧面Flex-Block　一套Flex-Block
　　连接件　　　　　　护板　　　　　　　　护板　　　　　　　护板

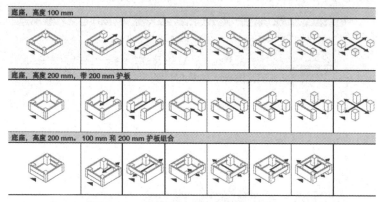

图 11-28　威图 Flex-Block 底座系统

在 EPLAN Pro Panel 的【部件管理】对话框中，已通过部件组进行了预装管理，并可作为柜体附件进行装配选择，如图 11-29 所示。

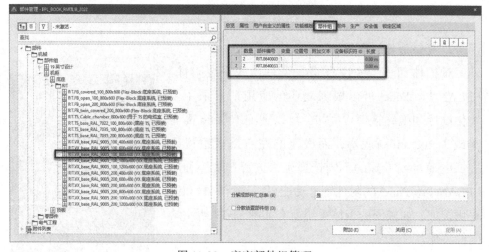

图 11-29　底座部件组管理

提示：

　　预装管理就是一个模块化的过程，通过部件组和 3D 图形宏的组合，在物料和模型上进行匹配。设计师可以根据自己企业的应用场景来进行预装。这也是 EPLAN Pro Panel 的应用建议，但如果企业很难进行模块化管理，应用情景复杂多变，那么可以采用类似柜体的附件管理方式，对底座也可以实现附件放置，也就是说可以逐层进行附件管理，不一定只对柜体进行附件管理。

关于底座附件的装配过程如下：

1）用鼠标选择需要装配底座的柜体，柜体以高亮形式显示，如图 11-30 所示。

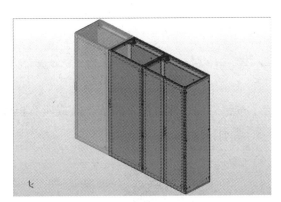

图 11-30　需要装配底座的柜体

2）选择【插入】→【设备】→🔧【附件】命令，如图 11-31 所示。

图 11-31　附件的装配命令

3）进入【附件选择】对话框，选择预装的底座。本次案例以 100mm 底座为例，通过单击对话框中间的 ⬇ 按钮将所选的底座加入【所选的附件】栏中，如图 11-32 所示。

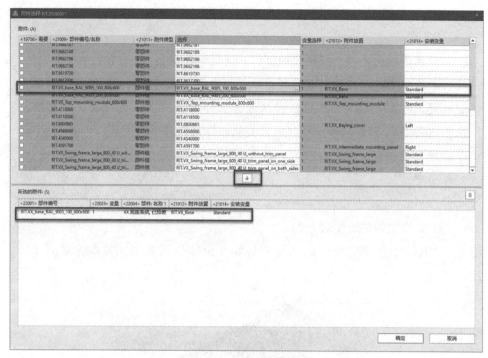

图 11-32   选择预装的底座

4）单击【确定】按钮完成底座装配，并依次完成所有柜体的底座安装，安装后的结果如图 11-33 所示。

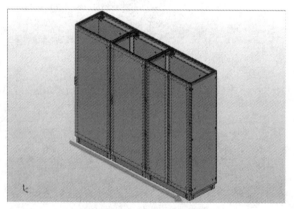

图 11-33   完成底座装配

3. 冲孔型材附件装配设计

对于柜体附件，冲孔型材是很重要的安装辅助附件，对于工程柜体设计的拓展装配起到很重要的作用。为了便于冲孔型材的装配，很多柜体厂商对于柜体的前后立梁和横梁框架进行了模数性的预冲孔，如威图冲孔型材的标准孔距为 25mm，且会同时形成内外两个安装面，下面将以威图 VX25 系列柜体冲孔型材的安装为例，讲解如何进行冲孔型材的装配设计。

在装配设计之前，先了解一下威图 VX25 系列柜体型材的安装方式。威图样本或手册给出了冲孔型材的两种安装方式：立梁内部安装和立梁外部安装。该冲孔型材的外观如图 11-34 所示。

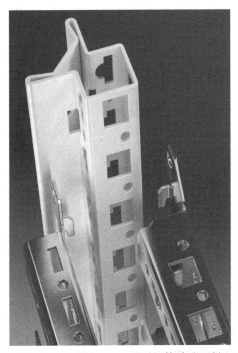

图 11-34　威图 VX25 系列柜体冲孔型材

冲孔型材有两种安装方式，即立梁安装或横梁安装，也就是在立梁或者横梁上建立等距安装孔，这些安装孔可以嵌入螺母或者自攻螺钉来固定冲孔型材。

那么怎样处理立梁或者横梁的安装面和等距安装孔呢？在 EPLAN Pro Panel 中使用了【安装辅助】中的安装面和安装栅格来处理这个问题，EPLAN Pro Panel 中并不需要将安装孔预先开出来，而是采用了安装栅格，这样处理减少了 3D 特征的数量，并可覆盖多种形式安装孔距和模数处理，使软件应用具有了较大的灵活度。

关于安装辅助的处理可参考本书 3.3 节或者 EPLAN Pro Panel 的在线帮助系统。为了便于安装处理，冲孔型材安装过程中可以开启【安装辅助】显示安装栅格，如图 11-35 所示。

图 11-35　开启【安装辅助】

显示结果如图 11-36 所示，有了这些安装辅助，在柜体附件安装过程中可让安装设计更为简单便捷。

图 11-36　安装辅助开启状态的显示结果

开启安装辅助的目的是因为冲孔型材的安装与侧板和底座安装是不一样的。侧板和底座安装的位置比较固定，不需要调整位置，而从设计角度来看，冲孔型材的安装位置是动态的，每个柜体的冲孔型材安装位置是不同的。

冲孔型材安装过程基本如下：

1）隐藏所有柜体。在布局空间编辑器中，用鼠标框选所有柜体（快捷键〈Ctrl+A〉），右击，在弹出的快捷菜单中选择【隐藏】命令，如图 11-37 所示。

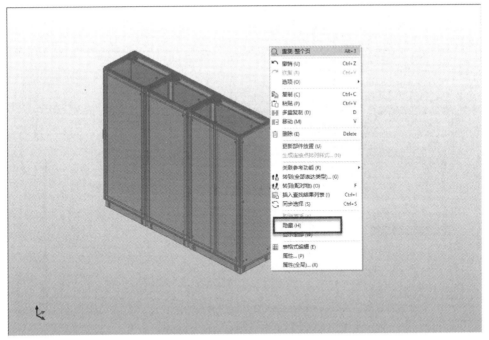

图 11-37 隐藏所有柜体

 提示:

　　该操作也可以在布局空间导航中选择所有箱柜,右击,在弹出的快捷菜单中选择【隐藏】命令来完成所有柜体的隐藏。

　　2)显示需要装配冲孔型材的柜体框架。在【布局空间】导航器中,选择【S2:箱柜】层级下的【S2:框架型材的竖直右前立柱】并右击,在弹出的快捷菜单中选择【显示】命令进入子菜单,在子菜单中选择【选择】命令。将该立梁显示在布局空间中,如图 11-38 所示。

　　3)切换立梁右侧视角。将安装视角切换为右侧,便于冲孔型材的安装。视角切换可通过选择【视图】→【3D 视角】→ 🔲【3D 视角右视图】命令,同时也可以选择【布局空间】→【安装辅助】命令开启安装辅助,以显示安装栅格。

　　框架右前立梁及安装栅格显示如图 11-39 所示,进入最佳安装视角。

图 11-38　将右前立梁显示在布局空间中

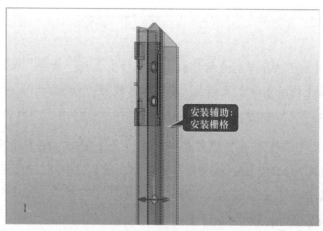

图 11-39　框架右前立梁及安装栅格显示

4）选取冲孔型材安装附件。在【布局空间】导航器中，选择【S2：箱柜】，然后选择【插入】→【设备】→ 【附件】命令进入【附件选择】对话框，如图 11-40 所示。

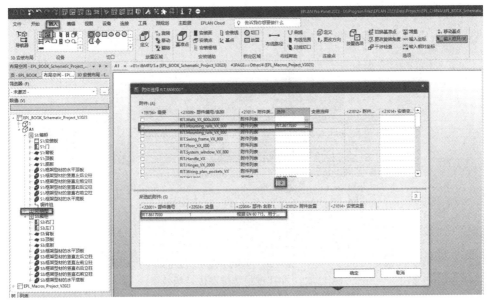

图 11-40　【附件选择】对话框

5）冲孔型材附件装配。在选择冲孔型材附件后，冲孔型材附件会在鼠标指针上随动。当冲孔型材附件靠近安装面时，EPLAN Pro Panel eTouch 技术可将冲孔型材自动矫正装配到被安装面上，结果如图 11-41 所示。

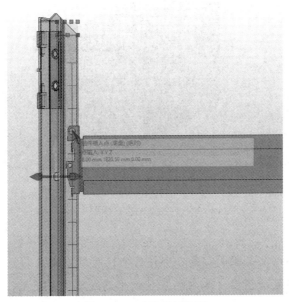

图 11-41　冲孔型材装配

选择设计所需的模数安装孔，单击确认选择。这里选择提示的 MG4 安装栅格，单击完成冲孔型材的安装装配，完成后的效果如图 11-42 所示。

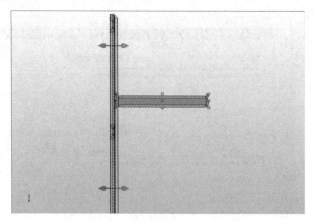

图 11-42 冲孔型材装配完成后的效果

6）显示全部柜体。可以在【布局空间】导航器中，双击当前的布局空间 A1，快速地显示所有的柜体。为了便于观察所有安装元素，通过修改对应组件的透明度，可以显示内部的安装情况，效果如图 11-43 所示。

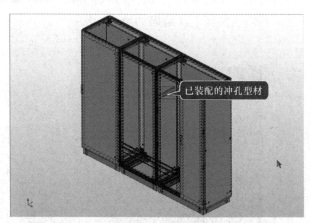

已装配的冲孔型材

图 11-43 显示全部柜体

 提示：

安装栅格以及安装面都是在部件宏定义时加以定义的。关于如何定义安装栅格及安装面请参考本书的基础数据篇或参考 EPLAN Pro Panel 的在线帮助系统。由于对同一个面进行了安装栅格和安装面的定义，怎样确保被安装的冲孔型材能自动捕捉安装栅格而不是安装面呢？在装配的过程中，可右击，在弹出的快捷菜单中选择【捕捉到安装面】命令来取消安装面的捕捉，如图 11-44 所示。

 提示：

这里通过柜体、侧板、底座和冲孔型材的装配设计，讲解了在 EPLAN Pro Panel 中怎样进行柜体及柜体附件的装配设计。由于篇幅有限，本书只能通过这几个应用设计情景，讲解 EPLAN Pro Panel 新版本的设计功能，柜体附件的装配管理对于真实的项目设计是极有帮助的，EPLAN 内含的模块化、配置化设计理念也值得深入学习和应用。

11.2 箱体设计

就 EPLAN Pro Panel 的功能而言，箱体设计和柜体设计的过程是一样的。之所以拿出一节来讲述箱体设计，是因为在工程设计过程中，箱体和柜体的设计有些差异，箱体不存在并柜概念，附件安装也比较简单，而且箱体在 EPLAN Pro Panel 部件管理中的子产品组分类也不同，在【布局空间】导航器中显示的状态与柜体比较存在差异性。箱体定义过程中会使用一个特定的功能定义【箱柜本体】，使用该功能定义进行正确的分类后，可以快速生成各种安装面。

在汽车工业产线或机床行业中，经常会使用小型箱体作为分布式 I/O 的接线箱、安全门的控制盒以及端子转接箱等，由于小型箱体采用一体化焊接或成型技术，确保了它的防护等级更高，防水防尘效果更好，如威图箱体中的 AE、AX、KL 和 KX 等系列箱体，如图 11-45 所示。

关于箱体的插入步骤此处不再赘述，可参考柜体设计步骤。在箱体的设计过程中，重点介绍 EPLAN Pro Panel 中几个辅助设计功能和放置选项设置。下面通过箱体附件中冲孔型材的放置案例，来向读者讲解这些功能和设置的应用。

图 11-45   威图箱体系列

首先了解一下威图箱体内部扩装的冲孔型材，它将被装配到威图 AX 箱体左侧板内侧安装面上。箱体扩装附件中的冲孔型材，如图 11-46 所示。

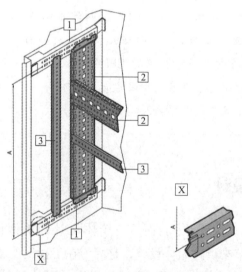

图 11-46   箱体扩装附件中的冲孔型材
1—用于内部扩装的安装轨   2—TS 系统型材，尺寸为 17mm×73mm   3—TS 支撑条

11.2.1　箱体放置

箱体放置的过程和柜体放置的过程类似，具体过程请参考柜体的放置过程。

这里用于示例的箱体部件为【AX.1090000（600×1000×250）】箱体，其放置结果如图 11-47 所示。

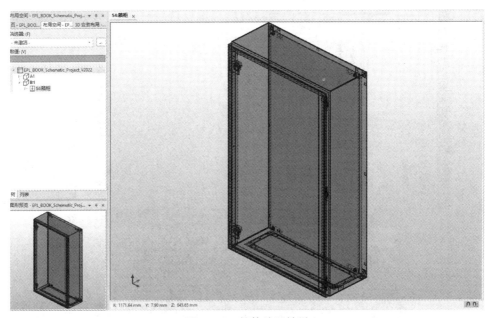

图 11-47　箱体放置结果

插入箱体的基本操作过程可参考柜体放置的步骤（1）~（6），箱体的主体特征是一个五面封闭的壳体，该壳体的功能定义为【箱柜本体】，组件类别为【机柜】，这也是箱体极具特色的功能定义。通过该功能定义分类的箱体模型，可以自动生成十个安装面，减少了人工定义的过程。被正确地定义后，箱体及安装面信息如图 11-48 所示。

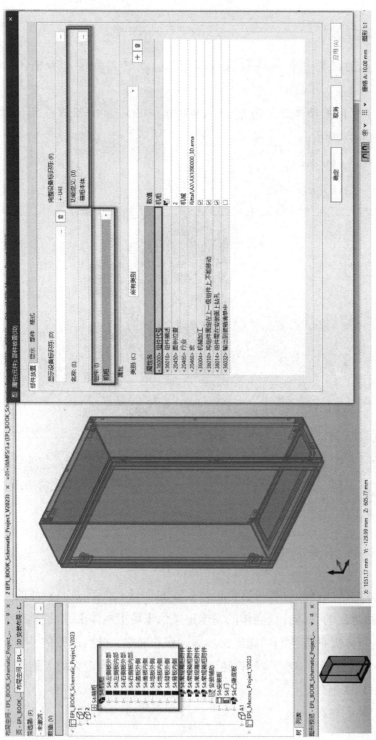

图 11-48 箱体及安装面信息

11.2.2　箱体附件放置

由于箱体和柜体的结构有差异，所以本节通过一个设计示例，说明一个箱体附件的放置过程。读者应注意操作过程中的相关命令和技巧。

（1）激活箱体左侧板内部安装面

在【布局空间】导航器中，选择已经放置的箱体【S4：箱柜】中的【S4：机柜】层级下的【S4：左侧板内部安装面】，右击，在弹出的快捷菜单中选择【直接激活】命令，如图 11-49 所示。

图 11-49　直接激活安装面

结果显示如图 11-50 所示。

箱体以右视角显示，在安装面激活的情况下，尽管右侧板挡住了安装面，但是不影响冲孔型材的安装。这是一个极具特色的应用情景，因为箱体无法像柜体一样隐藏右侧板或者只显示左侧板。EPLAN Pro Panel 给出了激活安装面的状态，在这种情况下，放置元件或者冲孔型材可越过遮挡直接摆放在安装面上。

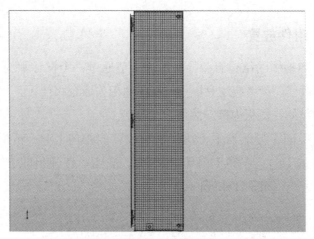

图 11-50　激活面结果显示

（2）选择放置所需要的冲孔型材

在 EPLAN Pro Panel 新版本的【插入中心】对话框中，搜索【2383250】，将列出威图品牌的用于内部扩展的冲孔型材部件【RIT.2383250】，操作界面如图 11-51 所示。

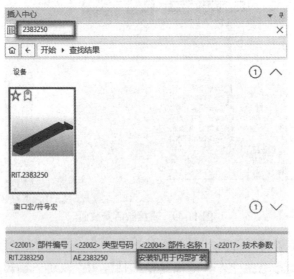

图 11-51　【插入中心】对话框

选择筛选出的部件，用鼠标拖放到布局空间中，选择【插入】→【选项】→【更改旋转角度】命令可以调整部件的放置角度，也可以在操作过程中通过组合快捷键〈Ctrl+Shift+R〉进行部件的旋转，旋转命令如图 11-52 所示。

图 11-52   旋转命令

放置部件到指定位置后，单击确认放置，放置结果如图 11-53 所示。

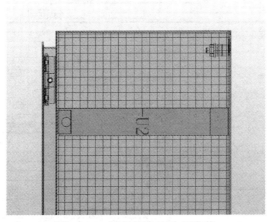

图 11-53   旋转视角更改后安装

选择【视图】→【3D 视角】→ ◈【3D 视角东南等轴视图】命令将视角切换到 3D 视角模式后，可以看到冲孔型材准确地放置到了设计的安装面上，如图 11-54 所示。

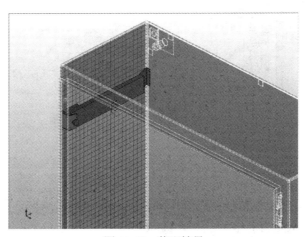

图 11-54   装配结果

（3）多重复制已经放置的冲孔型材

选择【编辑】→【图形】→【多重复制】命令，将已经放置的冲孔型材按要求的距离复制并放置另外一个冲孔型材。这个要求的距离取自设计手册，如图 11-55 所示。

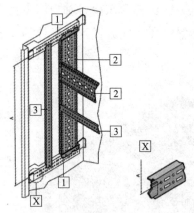

AE 内部扩装 — 结合 TS 冲孔型材

① 安装轨用于内部扩装（扩装准备）		包装单元	210	250	300	350	页码
用于箱体深度/mm			210	250	300	350	
型号		4 件	2383.210	2383.250	2383.300	2383.350	716

② 在宽度和高度上进行内部扩装							
TS 系统型材 17mm×73 mm	AE 从箱体宽度/高度 mm 起	A① mm	包装单元	型号			
	380	225	4 件	8612.130	8612.130	8612.130	8612.130
	500	325	4 件	8612.140	8612.140	8612.140	8612.140
		375	4 件	8612.040	8612.040	8612.040	8612.040
	600	425	4 件	8612.150	8612.150	8612.150	8612.150
		475	4 件	8612.050	8612.050	8612.050	8612.050
	760	525	4 件	8612.160	8612.160	8612.160	8612.160
		575	4 件	8612.060	8612.060	8612.060	8612.060
		725	4 件	8612.180	8612.180	8612.180	–
	1000	775	4 件	8612.080	8612.080	8612.080	–
		875	4 件	8612.090	8612.090	8612.090	–
	1200	925	4 件	–	–	8612.100	–
		975	4 件	–	–	8612.010	–
	1400	1125	4 件	–	–	8612.120	–
		1175	4 件	–	–	8612.020	–
③ TS 支撑条	400	325	20 件	4694.000	4694.000	4694.000	4694.000
	500	425	20 件	4695.000	4695.000	4695.000	4695.000
	600	525	20 件	4696.000	4696.000	4696.000	4696.000
	800	725	20 件	4697.000	4697.000	4697.000	4697.000

① A = 安装轨固定间距

图 11-55　距离要求的参考表

选择被复制的冲孔型材，该冲孔型材将以高亮模式显示。选择【编辑】→【图形】→【多重复制】命令，如图 11-56 所示。

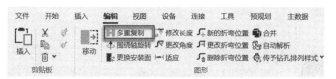

图 11-56 【多重复制】命令

在复制过程中，进入【输入】对话框，输入【0 –737.5 0】坐标值，按〈Enter〉键确认输入值，继续弹出【多重复制】对话框，输入复制数量为【1】，单击【确定】按钮进行数量确认，继续弹出【插入模式】对话框，选中【编号】单选按钮，以编号插入模式完成复制，单击【确定】按钮完成复制，如图 11-57所示。

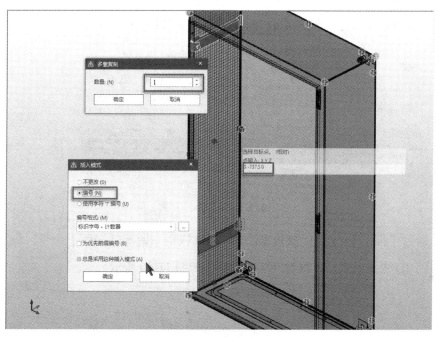

图 11-57 复制模式

（4）冲孔型材和支撑条装配设计

根据设计需求，可进行冲孔型材和支撑条的装配设计，选择威图【8612.180】冲孔型材及【4697.000】支撑条。

在【布局空间】导航器中，选择已经放置的冲孔型材的安装面，右击，在弹出的快捷菜单中选择【直接激活】命令，如图 11-58 所示，确保只显示被装配的冲孔型材。

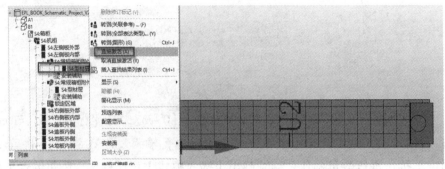

图 11-58 【直接激活】命令

为了校对安装距离是否合理，在【布局空间】导航器中，选择另外一个被安装的冲孔型材，右击，在弹出的快捷菜单中选择【显示】命令，进入子菜单中选择【选择】命令，将它显示出来，操作界面如图 11-59 所示。

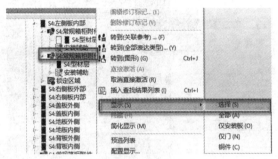

图 11-59 【选择】命令

通过【视图】→【3D 视角】→ 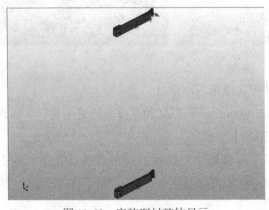 【3D 视角东南等轴视图】命令，将显示切换到 3D 视角模式，可以看到装配情景，如图 11-60 所示。

图 11-60 安装型材整体显示

在【插入中心】对话框中，在【查找】栏中输入用于扩装的冲孔型材部件编号【8612180】，按〈Enter〉键进行搜索确认。选择【设备】标签中的搜索结果，拖放到布局空间中，所选的冲孔型材跟随鼠标指针。由于冲孔型材有固定的安装模数，而不是随意安装的，因此需要取消安装面捕捉。在这个过程中，可右击，在弹出的快捷菜单中选择【捕捉到安装面】命令取消安装面捕捉，如图 11-61 所示。

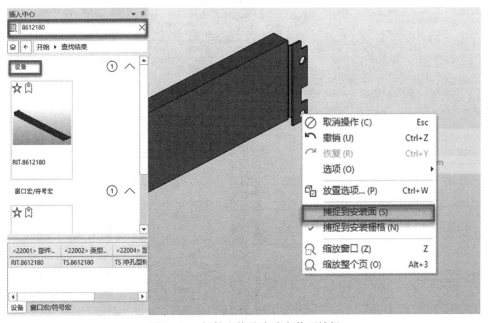

图 11-61 部件查找及取消安装面捕捉

选择【插入】→【选项】→【更改旋转角度】命令或者使用〈Ctrl+Shift+R〉快捷键，将要安装的冲孔型材调整到合适的安装角度。调整好方向的冲孔型材随着鼠标指针靠近被安装的冲孔立梁时，安装辅助栅格将自动显示，选择合适的栅格点，单击确定选择，完成安装，如图 11-62 所示。

使用同样过程完成支撑条的装配设计，更改支撑条旋转角度也可以通过快捷键〈Ctrl+Shift+A〉来完成。装配结果如图 11-63 所示。

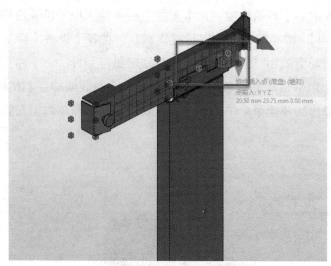

图 11-62　安装栅格捕捉装配

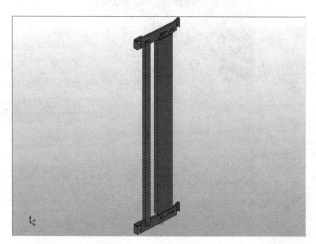

图 11-63　装配结果

可以通过状态栏中的 🔍【缩放窗口】、🔍【整个页】、👁【转视角】等命令来查看装配结果是否合理，如图 11-64 所示。

图 11-64　查看装配结果的命令

（5）完成装配设计并显示整体箱体

完成箱体附件装配后，在【布局空间】导航器中，双击箱体所在的布局空间，可以将隐藏的元素全部显示出来进行整体查看，也可以右击，在弹出的快捷菜单中选择【显示】→【全部】命令来显示全部元素，如图 11-65 所示。

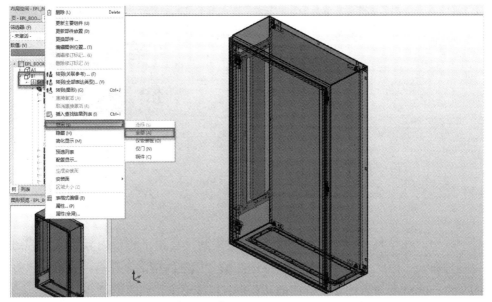

图 11-65　箱体装配整体显示

 提示：

　　通过箱体的装配设计，需要用户理解箱体的结构，选择正确的功能定义，关于部件的创建，请参考本书第 4 章或者在线帮助系统。箱体和柜体都可以使用附件管理来管理装配设计，也可以不使用附件管理来直接装配，也可以使用 EPLAN Pro Panel 新版本中的插入中心来检索所需部件并完成装配设计。

　　本节也介绍了在【布局空间】导航器中，通过直接激活或显示选择设计命令，对装配设计过滤掉不必要的元素，让装配设计视野清晰且更简单。

　　冲孔型材的装配，由于采用了固定的模数，安装时需捕捉安装栅格而不是安装面，因此需要关闭【捕捉安装面】选项，让装配更准确。

第 12 章
线槽设计

　　线槽，在电气柜设计过程中经常会使用到，它用于将柜内导线或线缆进行整理布线，因此也被称为行线槽或理线槽，标准线槽的制作有一定的标准如 DIN EN 50085 标准，对于安装面的开孔也有标准要求，如图 12-1 所示。

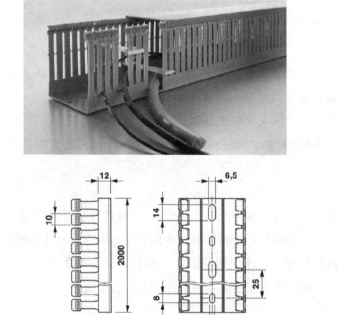

单位: mm

图 12-1　线槽

　　线槽由线槽和线槽盖板两部分组成，而 EPLAN Pro Panel 对两者进行了简化整合，将两者作为一个封闭体来处理，这样简化了部件数据创建过程以及线槽设计过程。不同尺寸的线槽如图 12-2 所示。

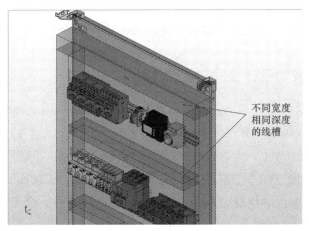

不同宽度
相同深度
的线槽

图 12-2   不同尺寸的线槽

关于线槽的部件数据制作，请参看本书第 5 章或者在线帮助系统，本章不具体说明线槽的部件创建过程。

12.1   线槽布局设计

线槽的放置可采用尺寸驱动的方式来设计，线槽的放置不是随意的，要考虑加工的方便性以及长度尺寸的取整性。例如，线槽距离上安装板上边沿 15.14mm，这个尺寸就是不好测量的尺寸；线槽长 1033mm，这个长度也不是一个好裁剪的长度。因此，线槽的设计需要尽可能方便尺寸测量和线槽的加工。

为了实现尺寸驱动的设计思想，EPLAN Pro Panel 开发了以下命令:【放置选项】【切换基准点】【移动基点】。

通过这几个命令的组合，可以用尺寸驱动方式来进行精准设计。EPLAN Pro Panel 新版本支持用户自定义选项卡和功能命令组，对于一些经常使用或多个选项卡切换选择不便利的命令，可以使用自定义选项卡和功能命令组整理出适合自己的操作命令，关于该功能请参考本书第 1 章或在线帮助系统。自定义选项卡如图 12-3 所示。

图 12-3　自定义选项卡

12.1.1　尺寸驱动设计线槽 - 放置选项

现有线槽设计示例如下：分别放置距离安装板上边沿 50mm，距离下边沿 55mm，宽度为 60mm，深度为 80mm 的两个水平线槽。

其操作步骤如下：

1）在【布局空间】导航器中，选择箱柜安装板的安装面，即【安装板正面】，右击，在弹出的快捷菜单中选择【直接激活】命令，激活【安装板正面】安装面，如图 12-4 所示。

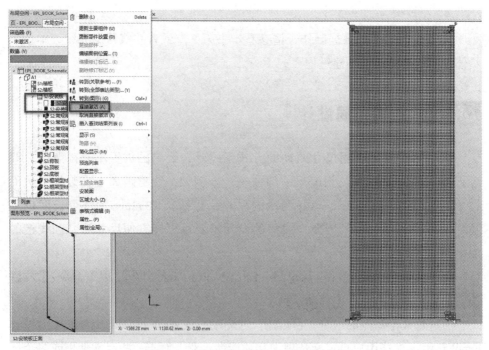

图 12-4　激活【安装板正面】安装面

2）选择【插入】→【设备】→ ▭ 【线槽】命令，进入【部件选择】对话框，选择【RIT.8800752（电缆槽）】部件，如图 12-5 所示。

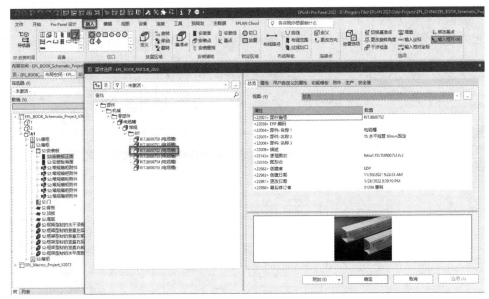

图 12-5　选择线槽部件

3）线槽部件选取完成后，选择【插入】→【选项】→【切换基准点】命令或者快捷键〈A〉，将线槽基准点切换到左上角，如图 12-6 所示。

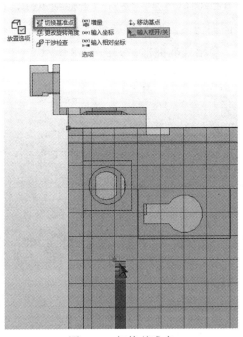

图 12-6　切换基准点

4）选择【插入】→【选项】→【放置选项】命令或者快捷键〈Ctrl+W〉，进入【放置选项】对话框，调整 Y 偏移量为【–50.00mm】，如图 12-7 所示。

图 12-7　放置选项

5）线槽的插入点在 Y 轴方向向上偏移 50mm，用鼠标移动插入点自动捕捉安装板左上角点，单击确认选择。然后水平拖动鼠标，拉伸线槽至安装板右侧边沿，在鼠标自动捕捉边沿点时，单击进行确认，完成水平线槽的拉伸放置。鼠标自动捕捉成功时，会出现捕捉框，如图 12-8 所示。

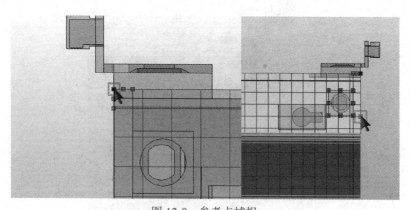

图 12-8　参考点捕捉

选择【开始】→【3D 布局空间】→【测量】命令，可以检验线槽放置得是否准确，如图 12-9 所示。

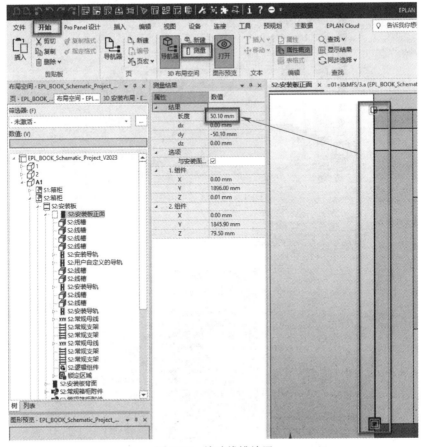

图 12-9　检验线槽放置

　　经过测量验证后，了解到 EPLAN Pro Panel 的放置选项命令，可以帮助用户以尺寸驱动方式完成线槽的精准放置。这种精准尺寸设计，对于生产工艺过程中工艺尺寸测量很有利。

　　6）重复步骤 1）~5），完成距离下边沿 55mm 的水平线槽放置。两次放置的区别在于基准点的切换和 Y 偏移量的数值不同，第二次放置时基准点切换到左下角，Y 偏移量值为【55.00mm】，如图 12-10 所示。

　　7）完成左右两个垂直线槽的放置。在上下两个水平线槽的范围约束下，对于左右垂直线槽的设计，就显得特别简单快捷，不再需要过多考虑尺寸，只需要利用 EPLAN Pro Panel 的自动捕捉边界功能就能快速完成线槽的放置。整个操作过程只需要使用【更改旋转角度】和【切换基准点】命令。线槽设计结果如图 12-11 所示。

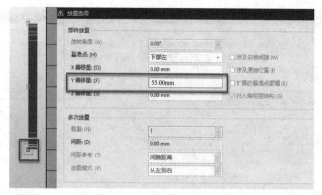

图 12-10　放置选项

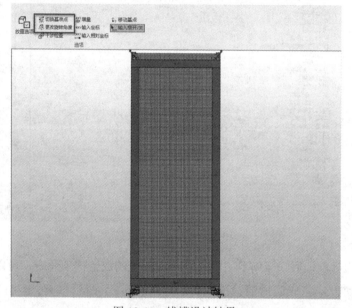

图 12-11　线槽设计结果

12.1.2　尺寸驱动设计线槽 - 移动基点 / 输入框

在 EPLAN Pro Panel 中，安装板的尺寸原点一般在安装板安装面的左下角，这个基准点可以移动，通过移动基准点，无须进行复杂的尺寸参考计算，只需直接键入定位尺寸值即可。

现有线槽设计示例如下：放置一个 30mm×80mm 的线槽，该线槽距离最上端线槽 280mm。

其操作步骤如下：

1）移动基准点。选择【编辑】→【选项】→【移动基点】命令，如图 12-12 所示。

图 12-12　【移动基点】命令

2）捕捉抓取目标基准点位置。移动鼠标，捕捉抓取左侧垂直线槽和最上端水平线槽的交叉点作为目标基准点的位置，如图 12-13 所示。

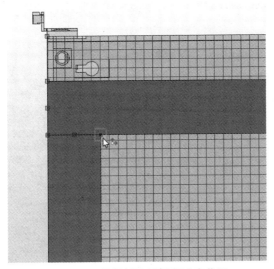

图 12-13　捕捉抓取目标基准点位置

3）完成基准点的移动。用鼠标选择好参考位置后，单击进行确认选择，完成基准点的移动，如图 12-14 所示。

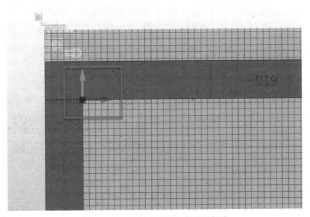

图 12-14　完成基准点的移动

4）选取所需要的线槽并插入。选择【插入】→【设备】→ 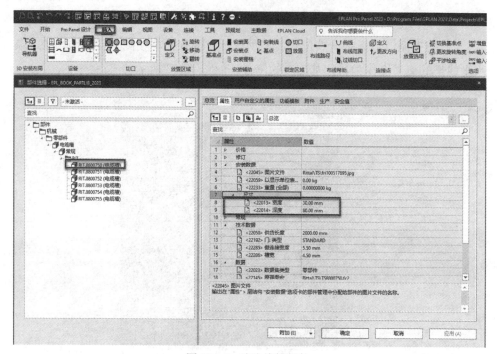【线槽】命令，选取【RIT.8800750（电缆槽）】部件，如图 12-15 所示。

图 12-15　选取线槽部件

5）切换插入线槽的基准点为左上角。选择【插入】→【选项】→【切换基准点】命令，切换插入线槽的基准点为左上角，默认情况下为左侧中部，切换的目的是为了以合适的基准点作为尺寸驱动的参考点，如图 12-16 所示。

6）输入设计坐标。完成切换插入线槽的基准点后，可以直接输入设计坐标偏差值【0 –280 0】，来确定线槽的插入位置。不同的坐标值之间以空格间隔，最后按〈Enter〉键进行数值输入确认，完成坐标的输入，如图 12-17 所示。

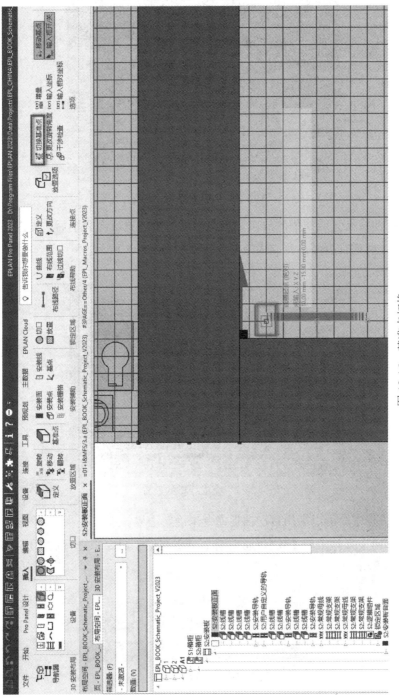

图 12-16　基准点切换

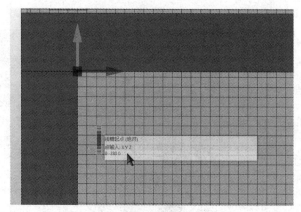

图 12-17　坐标的输入

7）拉伸线槽完成线槽的放置。当线槽的起始位置确定完毕后，向左拖动鼠标，拉伸线槽到右边界，完成线槽的放置，如图 12-18 所示。

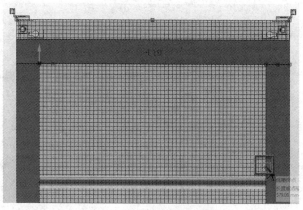

图 12-18　完成线槽的放置

拉伸过程中，可以利用自动捕捉命令来确定边界。

8）选择【开始】→【3D 布局空间】→【测量】命令来进行设计尺寸验证，如图 12-19 所示。

图 12-19　设计尺寸验证

验证结果如图 12-20 所示。

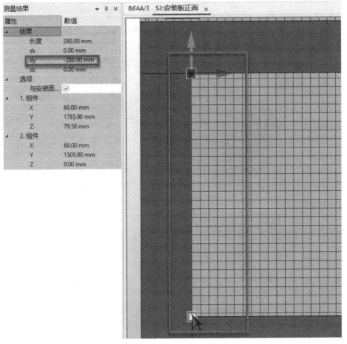

图 12-20　验证结果

通过放置尺寸的测量，可以验证放置尺寸是否符合设计要求，也可以验证尺寸驱动的准确性。

 提示：

　　对于线槽设计，EPLAN Pro Panel 推荐以输入坐标的方法来设计，通过尺寸驱动可以将加工的思维融合到设计中，让设计更加合理化。EPLAN Pro Panel 后期会自动生成带有尺寸的布局图，这些尺寸标注将自动获取设计中尺寸值，更加彰显尺寸驱动的重要性。

12.2　线槽开孔设计

线槽在装配时，对于被安装的面板或者安装板有开孔需求，这些开孔根据线槽的宽度尺寸变化而有不同的样式，如单排孔或者多排孔，如图 12-21 所示。

图 12-21   线槽开孔

　　这些开孔在线槽提供时已经按照 DIN 标准进行了模数预制，线槽在实际装配设计时会根据布线的多少，由使用部门的设计师根据线槽规格与布线要求决定每隔多少模数在安装板上开孔并使用拉钉固定，如图 12-22 所示。

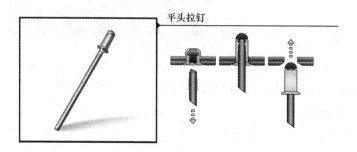

图 12-22   拉钉形式

　　在 EPLAN Pro Panel 中，线槽的开孔从命令角度来说比较简单，只需要一个命令即可完成，即选择【视图】→【布局空间】→【钻孔视图】命令，如图 12-23 所示。

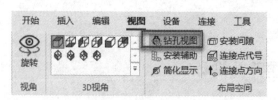

图 12-23   【钻孔视图】命令

　　关于开孔数据的详细制作，请参考 3.5 节。在 EPLAN Pro Panel 中，自动生成的开孔由部件库中定义及关联的钻孔排列样式决定。

在【视图】→【布局空间】→【钻孔视图】命令开启后，线槽会根据其部件库中所关联的钻孔排列样式自动生成钻孔，如图 12-24 所示。

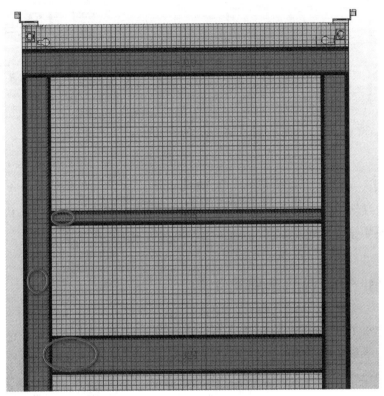

图 12-24　自动生成钻孔

💡 提示：

线槽的开孔应用是随着项目的要求来执行的，并不是强制应用，比如有些企业会使用自攻螺钉来自由安装线槽，不必进行开孔和拉钉固定。但自攻螺钉工艺效果不如拉钉整洁，有些钉头会透过安装板，因此在安装板前后两侧安装元件或线槽时，不建议使用自攻螺钉来完成线槽装配。为了确保开孔的高效和自动化，威图自动化系统（RAS）提供了对应的解决方案，请参考本书 18.4 节。

第 13 章
安装导轨设计

安装导轨在电气柜元件布局设计中经常使用到，因此 EPLAN Pro Panel 专门设计了安装导轨的相关命令，让安装导轨的设计更加简单快捷。

13.1　安装导轨布局设计

安装导轨也称 DIN 轨，在电气柜元件布局设计中经常使用，如微型断路器和接线端子等经常会被放置到安装导轨上，安装导轨根据 EN60715 标准进行设计，如图 13-1 所示。

在 EPLAN Pro Panel 中专门设计了 DIN 轨的插入命令，即选择【插入】→【设备】→**▐**【安装导轨】命令，如图 13-2 所示。

图 13-1　安装导轨

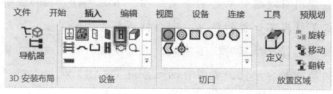

图 13-2　插入【安装导轨】命令

安装导轨布局设计中，可以使用线槽布局设计中使用的命令，这些命令此处不再赘述，本节将介绍使用三个新的命令：【导入长度】【放置在中间】【修改长度】。

通过这三个命令，可在线槽设计的基础上完成安装导轨的设计。关于安装导轨的部件创建，请参考本书5.1.2节。

在 EPLAN Pro Panel 的新版本中，【导入长度】和【放置在中间】命令并不在默认菜单及功能区中，可以使用【自定义功能区】命令将这两个命令加入常用命令栏中，如图13-3所示。

图13-3 【导入长度】和【放置在中间】命令

也可以使用 EPLAN Pro Panel 2023 及后期版本中的【告诉我你想要做什么】对话框来快速查找要使用的命令，如图13-4所示。

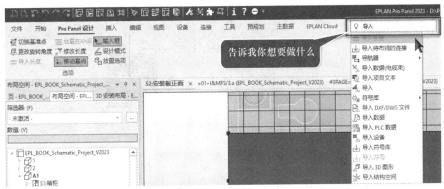

图13-4 使用【告诉我你想要做什么】对话框快速查找命令

现有安装导轨设计示例如下：在两个线槽正中间放置一个安装导轨，该导轨长度在线槽2的尺寸上进行修改，如图13-5所示。

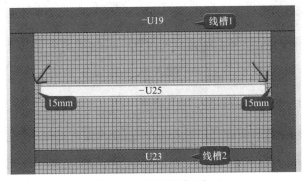

图13-5 假定设计目标

其操作步骤如下:

1) 插入安装导轨。选择【插入】→【设备】→ 【安装导轨】命令，进入【部件选择】对话框，如图 13-6 所示。

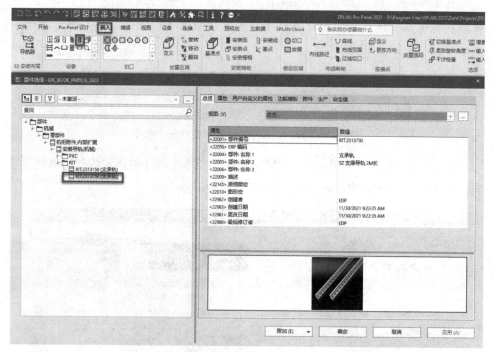

图 13-6 插入安装导轨

2) 导入线槽 2 的长度。选取【部件选择】对话框中对应的部件，并单击【确定】按钮后，鼠标指针上随动选取的安装导轨，在【告诉我你想要做什么】对话框中键入【导入长度】，如图 13-7 所示。

图 13-7 查找【导入长度】命令

选择【导入长度】命令后，鼠标指针上会出现【红框】，此时选择线槽 2，向上拖动鼠标，会发现安装导轨已导入线槽 2 的长度，如图 13-8 所示。

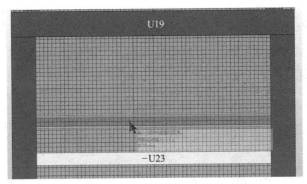

图 13-8 导入线槽 2 的长度

3）将安装导轨放置在线槽 1 和线槽 2 正中间。在导入线槽长度后，且安装导轨和鼠标指针保持随动状态时，在【告诉我你想要做什么】对话框中键入【放置在中间】，如图 13-9 所示。

图 13-9 查找【放置在中间】命令

选择【放置在中间】命令后，鼠标指针上会出现【红框】，再用鼠标选择线槽 1，会发现安装导轨自动放置在了线槽 1 和线槽 2 正中间，按〈Esc〉键可取消当前操作。

4）修改安装导轨左右侧距离线槽的距离。导轨布置完成后，为了便于安装，可能需要修改导轨距离线槽的距离，如左右侧各距离线槽 15mm。

当安装导轨放置完成后，选择【编辑】→【图形】→【修改长度】命令，如图 13-10 所示。

图 13-10 【修改长度】命令

此时鼠标指针上会出现修改长度标记，选择安装导轨左端，再移动鼠标可调整长度。为了精准，这里可以采用尺寸驱动方式，在【输入坐标】对话框中键入【–15】，如图 13-11 所示。

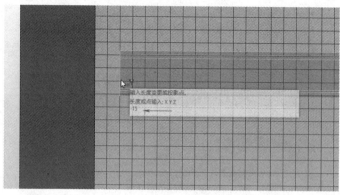

图 13-11　修改长度数值

按〈Enter〉键确认完成，然后用同样的操作选择安装导轨右端，也只需键入【–15】来完成右侧长度的调整，长度修改结果如图 13-12 所示。

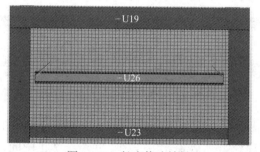

图 13-12　长度修改结果

💡 提示：

　　安装导轨的布局设计可以使用线槽安装布置设计中的命令，如【放置选项】【移动基点】等命令来进行非中间位置的安装导轨布局设计，反过来线槽设计也可以使用【修改长度】【导入长度】【放置在中间】命令，两者设计的共通之处在于都使用了尺寸驱动的设计方法。

13.2　安装导轨开孔设计

　　安装导轨开孔设计和线槽开孔设计从 EPLAN Pro Panel 的命令角度来看是一致的，只要开启【视图】→【布局空间】→【钻孔视图】命令即可完成安装导轨的开孔。

但对于开孔可能存在的多种模式，如拉钉型的钻孔和螺钉型的 M 螺纹孔，应当怎样处理呢？

其操作步骤如下：

1）在部件库中创建两种不同的钻孔排列样式，如图 13-13 所示。

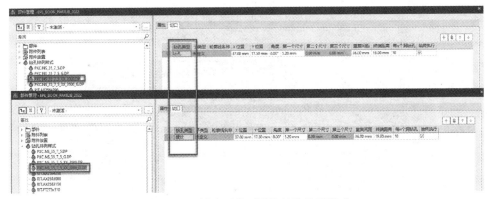

图 13-13　创建两种不同的钻孔排列样式

2）为安装导轨部件关联两种不同的钻孔排列样式，如图 13-14 所示。

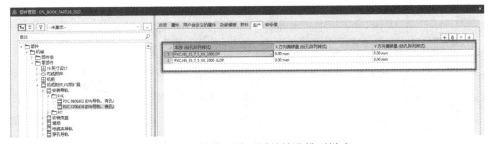

图 13-14　关联两种不同的钻孔排列样式

3）切换钻孔排列样式。在安装导轨放置完成后，根据设计需求可修改其钻孔排列样式，修改位置在安装导轨的【属性（元件）：部件放置（3D）】对话框中【部件】选项卡中的【部件参考数据】类别中，如图 13-15 所示。

切换前后开孔结果如图 13-16 所示，图中由钻孔模式（红色孔）切换到了螺纹孔（橙色孔）模式。

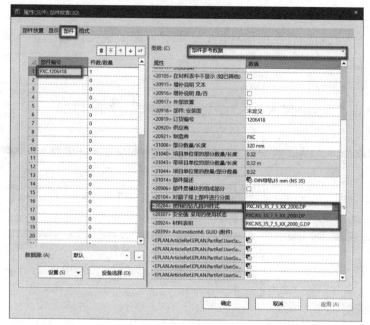

图 13-15 【部件参考数据】类别中切换钻孔排列样式

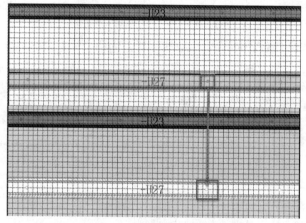

图 13-16 切换前后开孔结果

图 13-16 彩图

提示：

对于其他设备，如空调等存在多种钻孔模式的设备也可以采用类似于钻孔模式切换的便捷操作。EPLAN 平台是以数据为驱动的，其设计理念和早期基于图形的设计模式有所差异，更加便于管理和传递数据。

第 14 章
用户定义导轨设计

EPLAN Pro Panel 中的用户自定义导轨功能非常有特点，对于异形导轨的设计也非常有帮助，如西门子 S7-1500 PLC 安装导轨就是一种异形导轨，如图 14-1 所示。

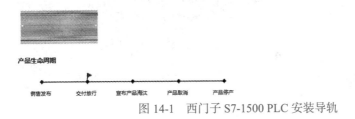

图 14-1　西门子 S7-1500 PLC 安装导轨

用户自定义导轨在 EPLAN Pro Panel 中有两种处理方式：

第一种是固定长度设计。导入获取的 3D Step 模型，在 EPLAN Pro Panel 中创建对应的 3D 图形宏，将该 3D 图形宏关联相应的用户自定义导轨部件，利用 EPLAN Pro Panel 插入中心直接放置该部件，即可使用该用户自定义导轨。这种应用方式的安装导轨的长度不可裁剪，适合空间富裕的布局设计。

第二种是可变长度设计。利用 EPLAN Pro Panel 的拉伸轮廓线技术，以用户自定义导轨的剖面轮廓线创建拉伸轮廓线文件，将该轮廓线文件同用户自定义导轨的部件相关联，创建可变长度的用户自定义导轨部件，这种设计方式适用于空间紧凑的布局设计，安装轨的长度可根据设计调整，以节约布局空间。

本章将分别为读者介绍这两种用户自定义导轨的设计方式。

14.1　用户自定义导轨固定长度设计

下面以西门子 S7-1500 PLC 安装导轨为设计示例，介绍如何用 EPLAN Pro Panel 进行固定长度用户自定义导轨的设计，通过西门子的官方网站 https://support.industry.siemens.com 下载安装导轨的 3D Step 模型。其操作步骤如下：

1）在宏项目中，选择【文件】→【导入】→【布局空间】→【STEP】命令，导入获取的 3D Step 模型文件，导入结果如图 14-2 所示。

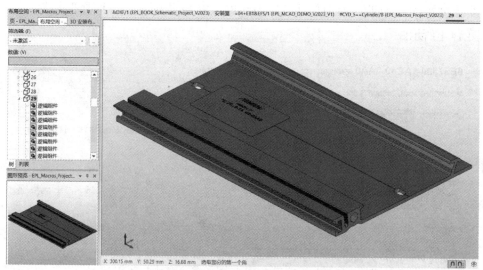

图 14-2　导入的 3D Step 模型

2）在布局空间编辑器中，选择【编辑】→【图形】→【合并】命令，将导入的 3D Step 模型的多个逻辑组件合并成一个逻辑组件，以便于逻辑定义，如图 14-3 所示。

3）在布局空间编辑器中，选择【视图】→【视角】→【旋转】命令，将合并后的逻辑组件旋转到合适的角度，再选择【插入】→【放置区域】→【定义】命令，为旋转后的逻辑组件底部定义一个放置区域，如图 14-4 所示。

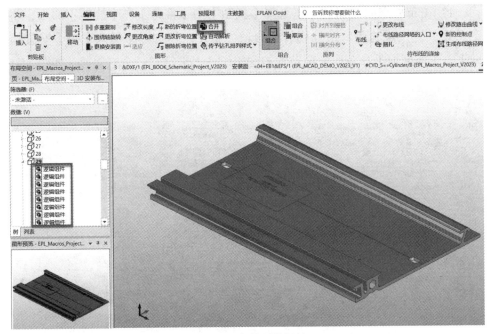

图 14-3　合并逻辑组件

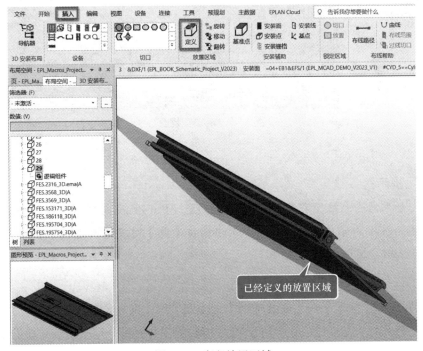

图 14-4　定义放置区域

4）在布局空间编辑器中，选择【视图】→【视角】→【旋转】命令，将定义好放置区域的逻辑组件旋转到合适的角度，再选择【插入】→【安装辅助】→【安装面】命令，为旋转后的逻辑组件上部定义一个安装面，如图 14-5 所示。

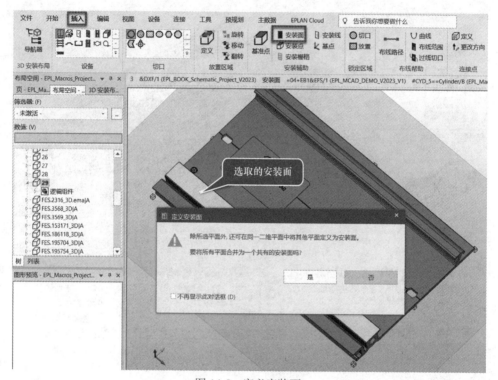

图 14-5　定义安装面

 提示：

如果同一个维度有多个安装面，EPLAN Pro Panel 将提示是否需要合并安装面，用户可自行选择，本示例中选择【是】对安装面进行了合并，以建立共有安装面。

5）选择【插入】→【安装辅助】→【安装线】命令，在逻辑组件合并的安装面上定义两个安装线，一个用于 PLC 模块的安装，一个用于安装导轨的安装，如图 14-6 所示。

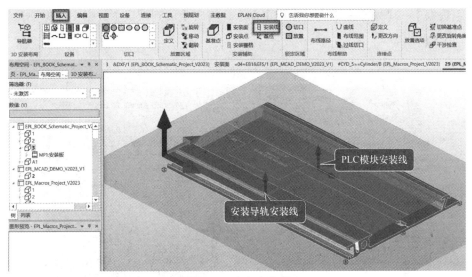

图 14-6　定义安装线

6）在【布局空间】导航器中，选取导入 3D 模型生成的布局空间，右击，在弹出的快捷菜单中选择【属性】命令进入【属性（元件）：布局空间】对话框，输入宏名称，如图 14-7 所示。

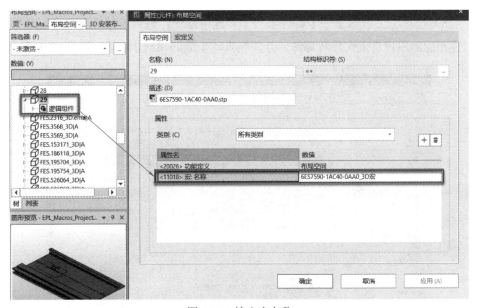

图 14-7　输入宏名称

7）在【布局空间】导航器中，单击选择已经定义宏名称的布局空间，选择

【主数据】→【宏】→【自动生成】命令，将宏生成到默认主数据文件夹中，如图 14-8 所示。

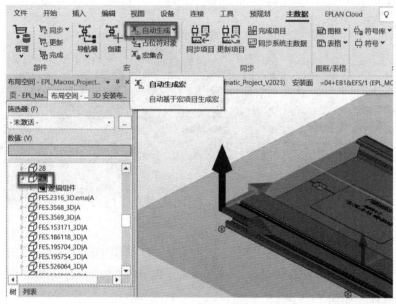

图 14-8　生成 3D 图形宏

8）选择【主数据】→【部件】→【管理】命令，进入【部件管理】对话框，创建相应的用户自定义导轨部件，并关联自动生成的 3D 图形宏，如图 14-9 所示。

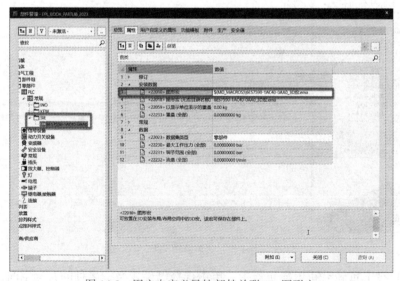

图 14-9　用户自定义导轨部件关联 3D 图形宏

9）在【布局空间】导航器中，激活某一个安装板的安装面，在 EPLAN Pro Panel 的插入中心查找创建的用户自定义导轨部件，拖放到安装板中，放置结果如图 14-10 所示。

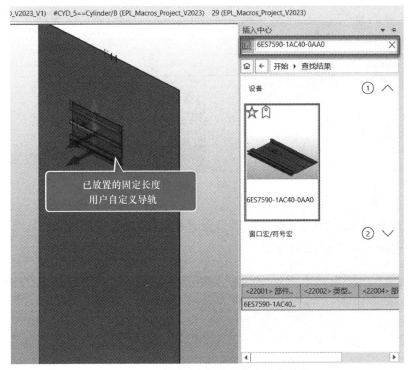

图 14-10　放置固定长度用户自定义导轨

提示：

固定长度的用户自定义导轨部件，在创建时由于不使用拉伸轮廓线，所以部件产品分组不能使用【机械】中的【用户自定义的导轨】产品组。

14.2　用户自定义导轨可变长度设计

下面同样以西门子 S7-1500 PLC 安装导轨为设计示例，介绍如何用 EPLAN Pro Panel 进行可变长度用户自定义导轨的设计，其操作步骤如下：

1）获取 S7-1500 PLC 安装导轨 3D 模型并导入 EPLAN Pro Panel 中。将下

载的安装导轨 3D Step 格式的模型通过【导入 3D 图形】命令导入 EPLAN Pro Panel 中，如图 14-11 所示。

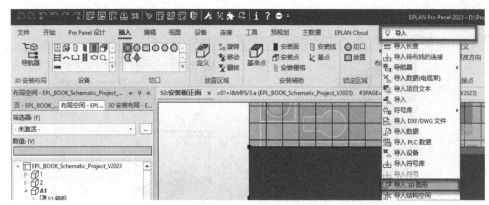

图 14-11　【导入 3D 图形】命令

导入 3D Step 格式的 S7-1500 PLC 安装导轨 3D 模型文件后，会自动生成一个布局空间，如图 14-12 所示。

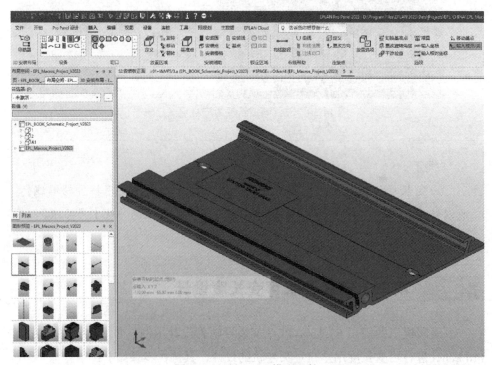

图 14-12　导入 3D 模型文件

2）获取 S7-1500 PLC 安装导轨 3D 模型侧视图，比例为 1∶1。通过 EPLAN Pro Panel 模型视图功能获取 S7-1500 PLC 安装导轨侧视图，在【页】导航器中新建一页，在打开的【新建页】对话框中的【页类型】下拉列表框中选择【模型视图（交互式）】，如图 14-13 所示。

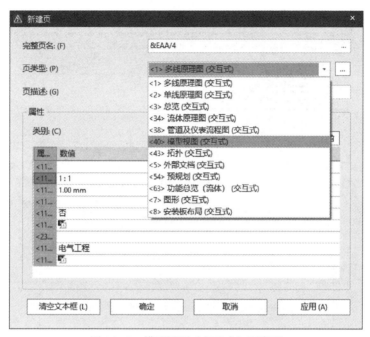

图 14-13　模型视图（交互式）页类型

在模型视图页中，选择【插入】→【视图】→【模型视图】命令，插入一个模型视图，如图 14-14 所示。

图 14-14　【模型视图】命令

【模型视图】对话框设置界面如图 14-15 所示。

EPLAN Pro Panel 自动投影的 3D 模型的侧视图（右视图）如图 14-16 所示。

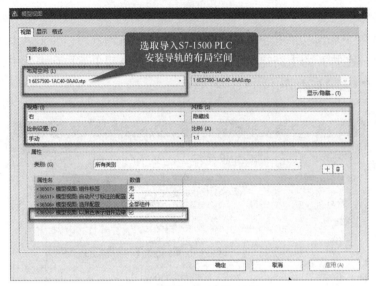

图 14-15　【模型视图】对话框

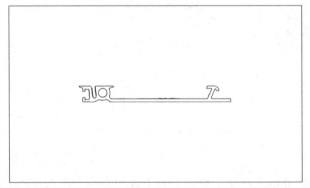

图 14-16　模式视图投影（1∶1）

通过 EPLAN Pro Panel 的模型视图获取的安装导轨右视图，为拉伸轮廓线提供了参考。

 提示：

　　侧视图必须为 1∶1 真实比例，否则制作的用户自定义导轨尺寸将不准确。

3）绘制封闭的轮廓线参考图。选择【插入】→【图形】→ ▱【多边形】命令，绘制安装导轨的外围轮廓线，如图 14-17 所示。

图 14-17　使用多边形绘制轮廓线

轮廓线绘制过程如图 14-18 所示。

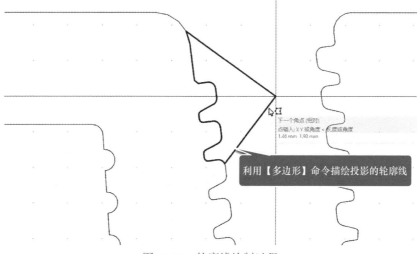

利用【多边形】命令描绘投影的轮廓线

图 14-18　轮廓线绘制过程

绘制过程中最好开启对象捕捉模式，这样绘制轮廓线比较容易。完成绘制后，可通过移动命令将轮廓线移动出来，如图 14-19所示。

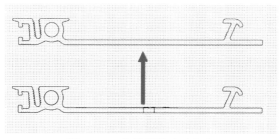

图 14-19　将轮廓线移动出来

由此一来，通过 EPLAN Pro Panel 的 3D 投影技术就获取了异形安装导轨的轮廓线。

4）定义拉伸轮廓线。选择【主数据】→【轮廓线 / 构架】→【轮廓线（拉伸）】命令，创建一个可拉伸的轮廓线，如图 14-20 所示。

图 14-20 【轮廓线（拉伸）】命令

将所绘制的轮廓线复制到新建的轮廓线（拉伸）主数据中，旋转 90°，定义安装面及引导线，并对轮廓线进行检查，如图 14-21 所示。

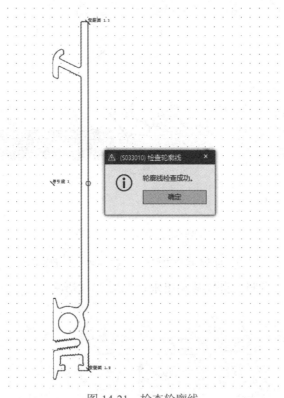

图 14-21 检查轮廓线

轮廓线将以后缀【.fc2】存储在主数据宏文件夹下。

5）创建部件并关联新建的拉伸轮廓线宏文件。该操作的详细过程请参考本书第 3 章或者在线帮助系统，第 3 章较为详尽地讲解了部件数据的创建过程和方法。部件数据创建及轮廓线的关联结果如图 14-22 所示。

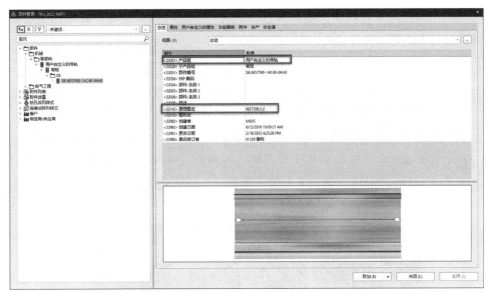

图 14-22　部件数据创建及轮廓线的关联结果

6）在安装板上放置用户自定义导轨。在安装板正面被直接激活的应用情景下，选择【插入】→【设备】→ ![icon] 【用户自定义的导轨】命令，如图 14-23 所示。

图 14-23　插入【用户自定义的导轨】命令

通过该命令进入【部件选择】对话框，选择创建的 S7-1500 PLC 安装导轨部件进行放置，放置过程类似常规安装导轨，结果如图 14-24 所示。

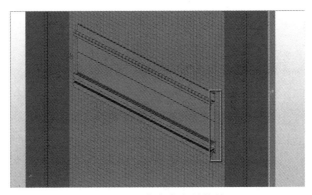

图 14-24　用户自定义导轨放置

　　用户自定义导轨以定义的轮廓进行长度可变的放置，这种方式相比固定长度的放置方式更加灵活自由。

 提示：

　　EPLAN Pro Panel 中的用户自定义导轨对于设计的帮助非常大。在产线装配设计中，经常会使用各种形状的铝型材，型材的剖面轮廓也是多种多样的，如图 14-25 所示，其设计长度也不确定，这种型材的设计就可以使用 EPLAN Pro Panel 中的用户自定义导轨的拉伸来完成。

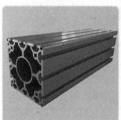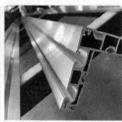

第 15 章
母线系统设计

关于 EPLAN Pro Panel 母线系统的设计,该功能应用范围比较小,但欧洲市场经常会使用。在中国,由于种种原因,配电柜设计一直保持低附加值状态,为了确保利润,母线设计应在确保安全可靠的前提下尽可能降低成本,这里选取了一张比较典型的应用设计图供读者参考,如图 15-1 所示。

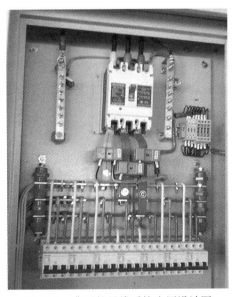

图 15-1 典型的母线系统应用设计图

尽管这样的设计经济实惠,但从技术角度来说还存在很多改善空间,如安全性和维护方便性等。为了改进低压配电的配电方案,很多中国厂商开始提供母线系统解决方案，来改善低压配电的安全性、可靠性和维护性，如图 15-2 所示。

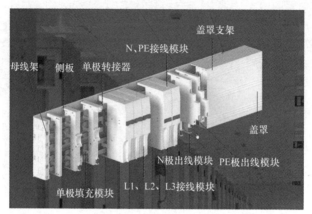

图 15-2　母线系统解决方案

目前国内高端母线系统解决方案的提供商是威图及维纳尔。EPLAN Pro Panel 开发了母线系统设计模块，用于解决用户在高端母线系统设计方面的应用需求。关于母线系统的部件创建，请参考 EPLAN 在线帮助系统或者威图母线系统部件示例。

本书将以威图母线系统为例，讲解 EPLAN Pro Panel 如何进行母线系统设计。EPLAN Cloud 云平台中的 Data Portal 可以下载威图母线系统的部件。

下面介绍母线系统的设计示例，由于篇幅有限，有些比较基础的操作不再赘述，只说明主要的操作命令。

15.1　放置防接触防护底部槽型件

为了保护母线系统并实现安装板间的接触或漏电保护，在母线系统中增加了防接触并且保护母线系统的附件，该附件为工程塑料制成，属于异型型材，在 EPLAN 中可使用轮廓线拉伸技术实现。

在【布局空间】导航器中，右击，在弹出的快捷菜单中选择【直接激活】命令，激活安装板正面的安装面，然后选择【插入】→【设备】→**H**【用户自定义的导轨】命令，进入【部件选择】对话框，选择【RIT.9606000】部件，如图 15-3 所示。

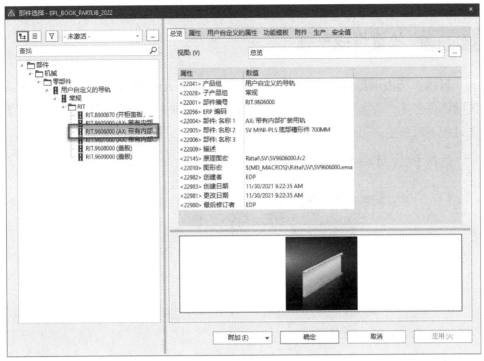

图 15-3　选择母线系统防护底板

使用【放置选项】命令，通过尺寸驱动的方式，将部件在距离安装板上侧 50mm 处放置。母线系统防护底板放置结果如图 15-4 所示。

图 15-4　母线系统防护底板放置结果

15.2　放置母线系统

母线系统由两部分组成，一个是母线本体，一个是母线支撑。关于母线系统的部件创建，请参考 EPLAN 在线帮助系统或者威图母线系统部件示例，本操作过程不再赘述。

选择【插入】→【设备】→▤【母线系统】命令，如图 15-5 所示。

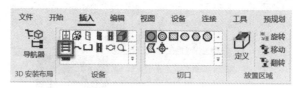

图 15-5　【母线系统】命令

进入【部件选择】对话框，选择【RIT.BBS.Mini-PLS_040_3_0700】部件，如图 15-6 所示。

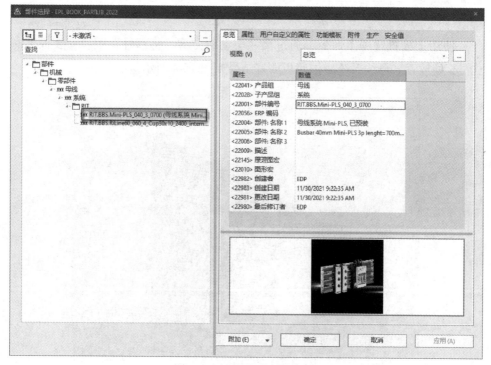

图 15-6　选择母线系统部件

使用切换基准点快捷键〈A〉，选择左侧居中，这样便于母线系统同底部槽型件对齐，避免放置偏差。在母线系统放置时，会弹出【母线支架】对话框，用来确定母线支架的放置数量，如果母线系统过长，需要增加母线支架，防止母线系统因元件过重而变形，操作界面如图 15-7 所示。

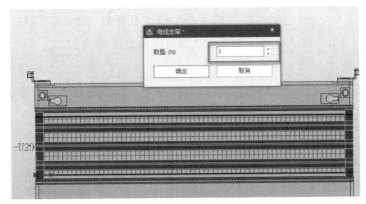

图 15-7　母线系统支架数量

母线系统放置结果（3 母线支架）如图 15-8 所示。

图 15-8　母线系统放置结果（3 母线支架）

15.3　放置连接适配器

在母线系统中使用连接适配器来处理母线系统的供电或配电，连接适配器可以快速卡装到母线系统上，不必进行连接处理，外部供电电源通过连接适配器为母线系统供电。

完成母线系统放置后，可进行连接适配器的放置。EPLAN Pro Panel 2023及后期版本在菜单功能命令上没有进行该类型元件放置命令的定义，如插入线槽命令。没有相应插入命令的设备元件，将通过插入中心查找对应的部件来插入，在插入中心搜索连接适配器的部件型号，直接放置即可。例如，可以选择【RIT.9612000】连接适配器，该适配器额定供电电流可达250A。

放置过程中，为了保证中心对齐，可使用【切换基准点】命令调整连接适配器基准点位置为左中，再利用 eTouch 技术使连接适配器能以非常标准的安装深度装配到母线系统上，如图 15-9 所示。

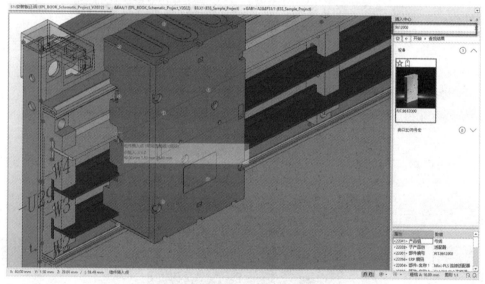

图 15-9　放置连接适配器

15.4　放置元件适配器

元件适配器也是一种母线系统的应用附件，用于进行母线系统配电处理。威图的元件适配器采用了标准化的方式，一个元件适配器可以安装多个厂家的断路器或电动机保护开关，如图 15-10 所示。

配电设备的分类 – Mini-PLS 元件适配器 40 A/100 A

生产厂商 / 型式	型号	配件型号
ABB		
MS450 （最大 40 A）	9617.000	–
MS451 （最大 40 A）	9629.000	9320.120
MS495	9629.000	9320.120
MS496	9629.000	9320.120
MS497	9629.000	9320.120
Tmax		
T1	9629.000	–
T2	9629.000	–
Eaton		
NZM 1	9629.000	–
PKZ2	9627.000	–
PKZM4 （最大 40 A）	9617.000	–
PKZM4	9629.000	9320.120

生产厂商 / 型式	型号	配件型号
Schneider Electric		
NS 80	9629.000	–
GV3 （最大 40 A）	9616.000	–
GV3	9629.000	9320.120
Siemens		
S2		
3RV10 31...（最大 40 A）	9616.000	–
3RV10 31...	9629.000	9320.120
S3		
3RV1341/42	9629.000	9320.120

图 15-10　威图元件适配器

　　分别放置【RIT.9629000】【RIT.9617000】【RIT.9614000】元件适配器，放置过程中建议使用【切换基点】命令来调整插入点的位置，确保摆放整齐和安装深度合理，如图 15-11 所示。

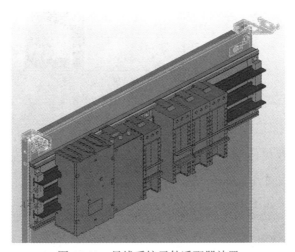

图 15-11　母线系统元件适配器放置

15.5　放置防接触保护

　　母线系统、连接适配器和元件适配器放置完成后，母线还有裸露部分，这些裸露部分必须加装防护，以避免触电造成的人员伤害，因此在完成适配器的放置后，还要开始防接触保护的设计，威图 Mini-PLS 母线系统使用盖板【RIT.9609000】和端板【RIT.9610000】来进行防接触保护。关于这两个部件的创建，请参考 3.4.2 节或在线帮助系统，盖板部件使用了 EPLAN Pro Panel 的拉伸轮廓线技术，可参考 14.2 节，本节不再赘述。

选择【插入】→【设备】→ H【用户自定义的导轨】命令，进入【部件选择】对话框，选取【RIT.9609000（盖板）】部件，如图 15-12 所示。

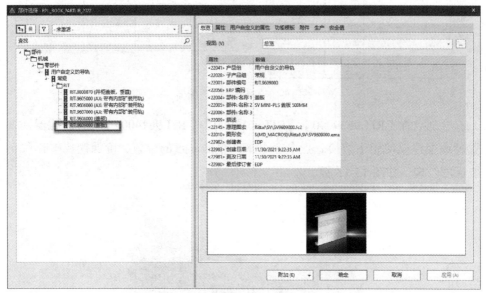

图 15-12　母线系统防护盖板

放置过程中建议使用【切换基点】命令，切换插入点为左中，插入点和母线中心线进行捕捉对齐，如图 15-13 所示。

整体放置结果如图 15-14 所示。

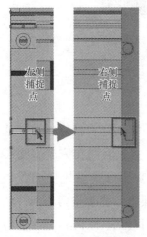

图 15-13　防护盖板拉伸装配

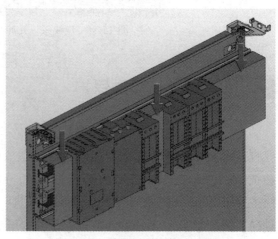

图 15-14　防护盖板整体放置结果

　　盖板放置完成后，母线系统两侧还有裸露，仍有触电的危险性，因此要进行端板的放置。端板在 EPLAN Pro Panel 中使用了常规部件的创建并关联了 3D 图形宏，可以使用插入中心选择端板部件放置来进行端板的放置设计。

　　在插入中心中，输入威图的端板编号【RIT.9610000】，如图 15-15 所示。

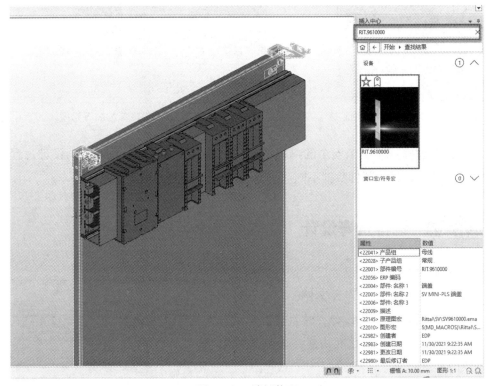

图 15-15　端板装配

　　将柜体视图切换到【西南等轴】视图，拖放端板部件到部件空间中进行放置，放置时使用【切换基准点】命令，选取左中为合适的基准点，插入过程中捕捉合适的装配点，捕捉装配点的过程如图 15-16 所示。

　　这个点的捕捉很重要，它会影响装配深度和高度。放置母线系统右侧端板时，切换到【东南等轴】视图，使用【更改旋转角度】命令调整端板的放置角度，如图 15-17 所示。

图 15-16　端板装配点捕捉

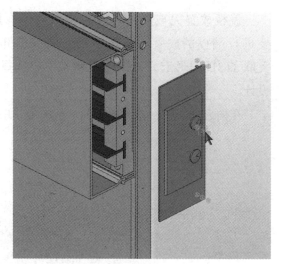
图 15-17　调整端板的放置角度

　　这样就完成了一个安全的母线系统的设计，其他品牌母线系统的设计过程也基本如此，只是部件数据不同。

15.6　铜排折弯设计

　　完成母线系统的设计后，这里虚拟了一个给母线系统供电的设计案例，这个设计案例需要进行铜排折弯设计，并且要在母线连接适配器和主断路器之间构建一个铜排连接，如图 15-18 所示。

　　在连接适配器和主断路器之间，使用威图【RIT.3581000】铜排来进行虚拟铜排设计，该铜排在 DIN 标准下可以支持 260A 的额定电流。

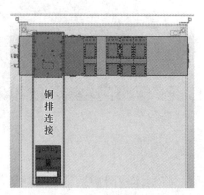
图 15-18　铜排连接的位置

　　在 EPLAN Pro Panel 的插入中心中，输入【RIT.3581000】搜索铜排部件，并将其拖放到布局空间编辑器中，放置在主断路器的中间接线端并进行拉伸放置，如图 15-19 所示。

　　放置过程中，可以使用【视图】→【视角】→【旋转】命令进行视角的切换，以便于铜排的放置。铜排放置结果如图 15-20 所示。

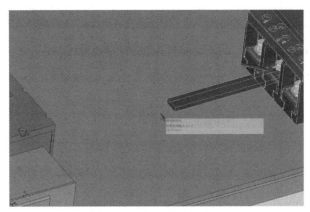

图 15-19　铜排的拉伸放置

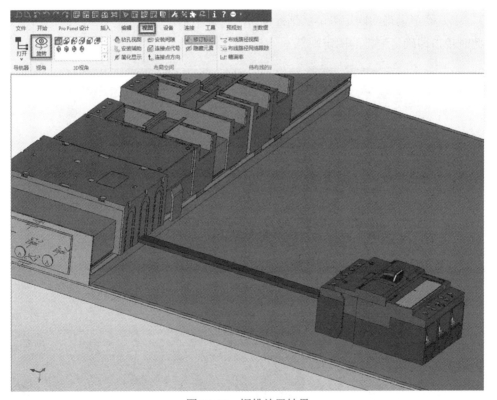

图 15-20　铜排放置结果

此时不难发现铜排两端的连接适配器和主断路器的母线安装高度是不一样的，需要对铜排进行折弯设计。这个设计过程将使用 EPLAN Pro Panel 的铜排折弯设计命令组，如图 15-21 所示。

图 15-21　铜排折弯设计命令组

为了调整铜排安装高度，对母线进行折弯设计，可使用【新的折弯位置】命令新建一个折弯位置，关于该命令的操作，在状态栏中有相关的提示信息，操作过程中按提示信息进行即可，基本操作步骤如下：

1）选择铜排。选择铜排即确认要将哪个铜排折弯，选择的铜排将以高亮模式显示。

2）确定铜排的固定端部。选择铜排后，提示选择固定端，如图 15-22 所示，此时单击即确定铜排的固定端部。

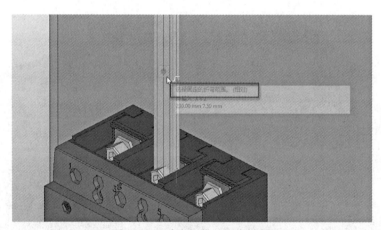

图 15-22　确定铜排的固定端部

3）选择新的折弯位置。确定铜排的固定端部后，会提示选择新的折弯位置，大概给出位置后，单击进行选取确认，如图 15-23 所示。

4）输入折弯角度和折弯半径。选择新的折弯位置后，再输入折弯角度和折弯

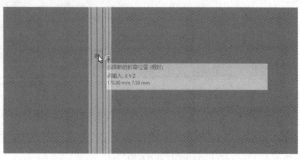

图 15-23　选择新的折弯位置

半径，其中折弯半径是一个系数，这个系数取决于铜排本身，由铜排厂商给出，EPLAN Pro Panel 在线帮助系统和软件设置中也默认给出了一个参考值。铜排折弯设计时建议开启【输入框】命令，以便于尺寸驱动设计，关于折弯角度，可以键入正值或负值，如图 15-24 所示。

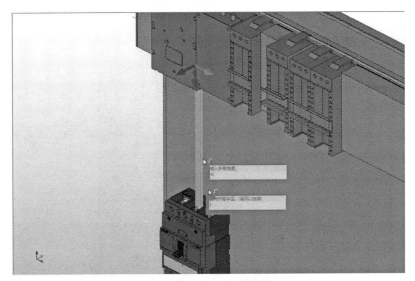

图 15-24　输入折弯参数

5）完成铜排折弯。根据提示，输入完折弯角度和折弯半径后，单击确认或者按〈Enter〉键确认即可完成铜排折弯设计，折弯结果如图 15-25 所示。

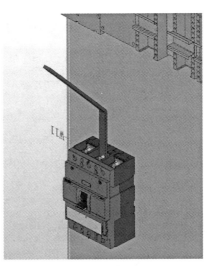

图 15-25　折弯结果

按上述步骤完成铜排另一端的折弯设计，两次过程区别在于折弯的角度不同。整体折弯后的效果如图 15-26 所示。

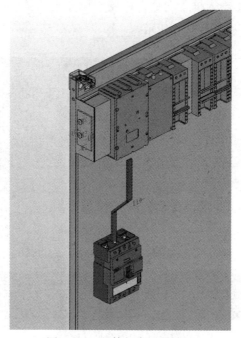

图 15-26　整体折弯后的效果

铜排折弯后，还需要对铜排的长度进行调整。通过对铜排长度的调整，铜排能以更合理的方式装配。调整铜排长度时，建议开启【编辑】→【选项】→【设计模式】命令，以便更好地选取参考点，如图 15-27 所示。

图 15-27　【设计模式】命令

选择【编辑】→【图形】→【修改长度】命令，如图 15-28 所示。

图 15-28　【修改长度】命令

先修改铜排的高度差，以便使铜排获取合理的安装高度。在修改长度模式下，铜排会显示修改方向箭头，在确认明确的修改方向后，该箭头将以高亮模式显示，如图 15-29 所示。

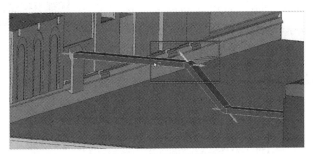

图 15-29　修改方向箭头

利用鼠标拉伸或者输入参数值的方式，可将铜排调整到一个合理的装配高度和装配深度，分别调整铜排纵向和横向的尺寸，铜排就能调整出一个合理的安装结果，如图 15-30 所示。

图 15-30　长度修改端部捕捉

从结果来看，这个铜排已经获取了合适的长度和高度设计，但折弯的位置显得不是很合理，这里可以通过更改折弯位置将其调整得更合理一些。选择【编辑】→【图形】→【更改折弯位置】命令可调整已经折弯的铜排折弯位置，如图 15-31 所示。

图 15-31　【更改折弯位置】命令

在【更改折弯位置】命令为启用状态时，铜排的状态和【修改长度】命令为启动状态时一样，都会显示出不同方向的修改箭头，如图 15-32 所示。

拖动鼠标即可完成折弯位置的调整，这个过程中建议开启【设计模式】命令，以便更好地选取移动参考点。折弯位置调整后的结果如图 15-33 所示。

图 15-32   不同方向的修改箭头

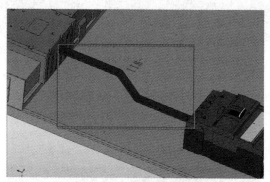

图 15-33   折弯位置调整后的结果

通过这三组命令，即可完成铜排折弯的设计。

接下来将通过一个稍显夸张的设计，了解另外一个铜排设计命令：〰【母线（折弯）】，如图 15-34 所示。

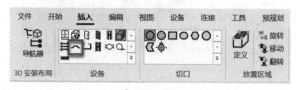

图 15-34   【母线（折弯）】命令

该命令让铜排折弯更加简单，因为该命令可以使用【构架】设计概念，【构架】概念就是指已经预构建了折弯的样式后，铜排就会以构建的【构架】自动折弯成所需的样式，这样就减少了【折弯位置】【折弯角度】等创建过程。

关于【构架】的创建，可以选择【主数据】→【轮廓线/构架】→【构架（铜件）】命令，如图 15-35 所示。

【构架】由一组连续连接的线条组成，一个向左折弯的铜排构架如图 15-36 所示。

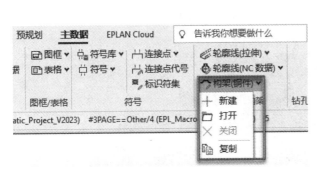

图 15-35　【构架（铜件）】命令

图 15-36　折弯构架建立

这个【构架】类似 3D 设计软件中的扫掠功能，铜排将按【构架】扫掠出一个 3D 的铜件。

选择【插入】→【设备】→ 【母线（折弯）】命令，如图 15-34 所示，进入【母线（折弯）】对话框，选取铜排部件和构架文件，输入折弯半径并选择折弯方式，如图 15-37 所示。

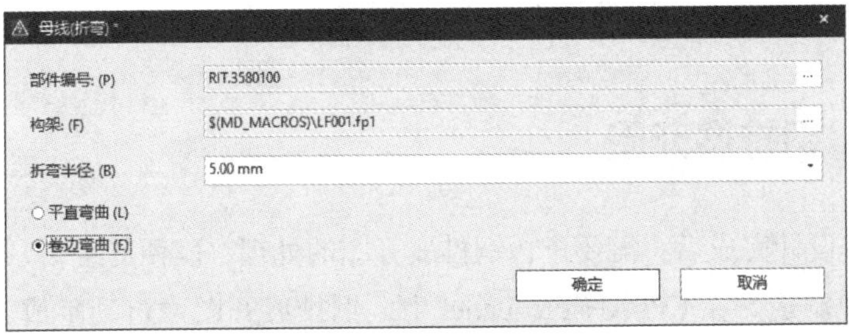

图 15-37　【母线（折弯）】对话框

在该对话框中有【平直弯曲】和【卷边弯曲】两种折弯模式，此处选中【卷边弯曲】单选按钮，然后单击【确定】按钮。铜件将以【构架】的形式自动生成折弯铜件，结果如图 15-38 所示。

反复利用【新的折弯位置】【修改长度】【修改折弯位置】

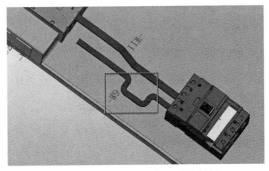

图 15-38　母线（折弯）设计结果

以及【母线（折弯）】命令，就可以完成一个复杂的铜件折弯设计，如图 15-39 所示。

这个铜排折弯的示例比较夸张，主要是为了向读者展示 EPLAN Pro Panel 所支持的【平直弯曲】和【卷边弯曲】的铜排折弯功能。

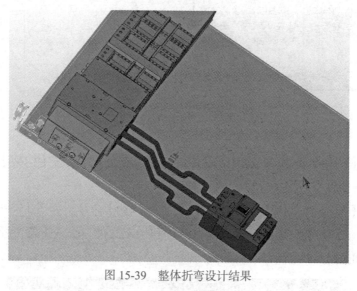

图 15-39　整体折弯设计结果

15.7　铜排展开图

在铜排设计完成后，需要进行铜排展开图的处理，以便产生 2D 加工工艺文件用于生产制造。在 EPLAN Pro Panel 中，铜排展开图可自动生成，操作步骤如下：

1）新建模型视图页。在【页】导航器中，选择【开始】→【页】→【新建】命令，在打开的【新建页】对话框中，页类型选择【模型视图（交互式）】，如图 15-40 所示。

2）新建铜件展开图。在模型视图页中，选择【插入】→【视图】→【铜件的展开图】命令，如图 15-41 所示。

通过该命令绘制一个合适大小的模型视图范围，然后进入【展开图】对话框，在该对话框中选取所要展开的铜排，并激活自动尺寸标注配置，如图 15-42 所示。

图 15-40 铜排展开图页类型

图 15-41 【铜件的展开图】命令

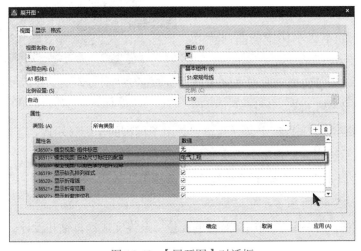

图 15-42 【展开图】对话框

单击【确定】按钮后，自动生成铜排展开图，并自动标注折弯位置的尺寸、折弯角度以及折弯半径，如图 15-43 所示。

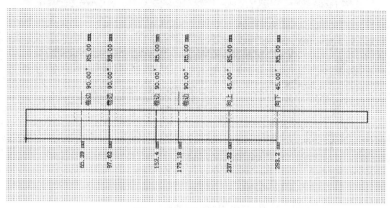

图 15-43   铜排展开结果

15.8   铜排钻孔设计

折弯设计完成后，铜排的两端可能需要钻孔设计，这样就遇到了一个问题，即怎样才能进行准确的钻孔设计呢？其中一种方式是通过准确的尺寸计算，但这种方式需要了解元件的安装深度等信息。

这里讲解另外一种设计方式，它的前提条件是 3D 元件的 3D 模型做得非常精准，如本次示例中的西门子开关，如图 15-44 所示。

图 15-44 所示的模型非常清晰地显示了螺钉以及开孔位置，这样就可以借

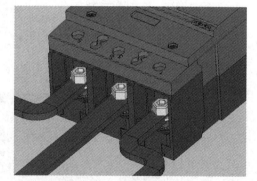

图 15-44   铜排钻孔位置

助模型的精准位置来直接定义开孔位置，由于模型的实际显示遮挡了视角，可修改开关的显示透明度使它完全透明，这样就可以很精准地放置钻孔了。

在开关以透明方式显示的情况下，选择【插入】→【切口】→◉【钻孔】命令，如图 15-45 所示。

插入相应尺寸的钻孔到铜排对应的孔位，最终完成铜排钻孔设计，如图 15-46 所示。

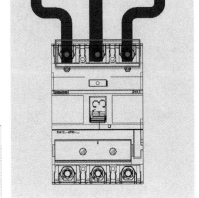

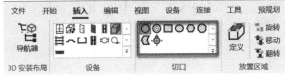

图 15-45　插入【钻孔】命令　　　　图 15-46　铜排钻孔设计

　　更新铜排展开图，新增的钻孔将自动增加到图上，可以使用尺寸标注功能进行尺寸的标注，如图 15-47 所示。

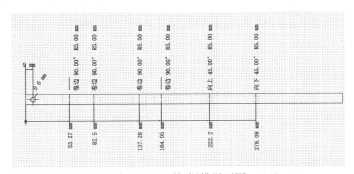

图 15-47　更新铜排展开图

💡　提示：

　　由于篇幅有限，这里只能简单阐述一个 EPLAN Pro Panel 母线系统设计的整体框架内容，让读者大致了解在 EPLAN Pro Panel 中怎样进行母线系统设计。具体的操作推荐读者参加 EPLAN 官方系统培训，自学过程中则请多加练习和思考。

第 16 章
元件装配设计

EPLAN Pro Panel 中的元件装配设计是一个相对重要的设计过程，但由于元件的种类不同，设计过程也不一样，因此本章将分类说明不同类别元件的装配设计。在 EPLAN Pro Panel 中进行元件装配设计，从操作命令角度来看并不复杂，只有一个放置命令，但元件装配设计的关键在于元件宏的数据制作和部件管理数据制作。

本章将通过四个示例讲解元件装配设计，这些设计过程中涉及了几个比较特殊的应用情景。

16.1 主断路器及操作手柄装配设计

本节通过一个示例来讲解关于主断路器和其操作附件的装配设计，这个装配设计比较有特点：

1）主断路器装配在安装板上。

2）操作手柄装配在门上。

3）连杆长度是可变的。

4）主断路器需要安装操作机构，操作机构安装在主断路器上。

5）主断路器的附件装配非常多样。

主断路器及其附件示例图如图 16-1 所示。

从装配设计角度来看，这里有两个问题：

1）如何确保操作手柄的中心孔和操作机构的中心孔一致呢？

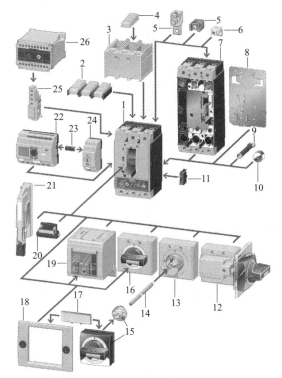

图 16-1　主断路器及其附件示例图

1—主断路器主体　2、4—防护盖　3—端子盖　5—盒式接线端子　6—控制回路接线端子　7—插拔式
和抽屉式单元　8—安装支架　9—后部接线端子　10—垫块　11—标准辅助触点和脱扣指示辅助触点
12—侧面安装旋转手柄　13—操作机构　14—操作连杆　15—门操作手柄　16—可加锁旋转手柄
17—外部警示牌　18—绝缘框　19—远程操作机构　20—手柄锁定装置　21—侧面操作手柄　22—DMI 模块
23—DS 数据插头　24—DP 通信接口　25—提前闭合辅助触点　26—欠电压线圈延时单元

2）如何调整操作连杆的长度？

关于数据准备的详细操作，请参考本书第 7 章，本节不再赘述，只指出关键数据创建要点和设计思路，本书的基础数据篇的基础操作对于装配非常重要，请读者仔细研读。

示例设计步骤如下：

1）部件数据准备。分别创建主断路器部件及其附件部件，这些部件可以从 EPLAN Data Portal 的云部件数据库中下载，如图 16-2 所示。

 提示：

操作连杆的部件分类为机械类的【用户自定义的导轨】产品组。

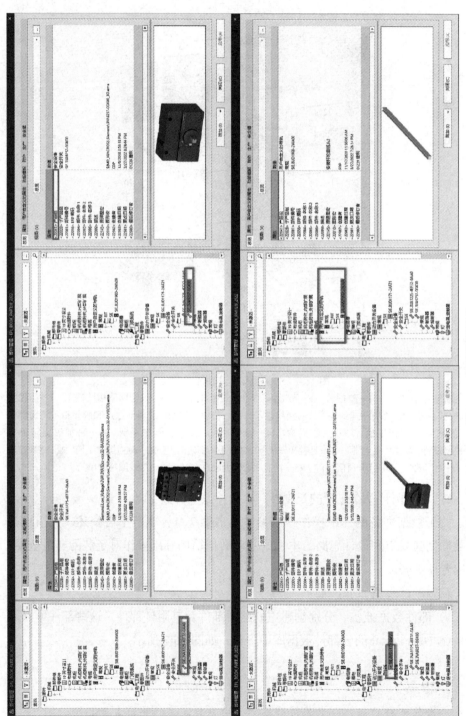

图 16-2　部件数据准备

2）主件附件管理创建。为了便于管理，对主断路器及附件创建附件管理，如图 16-3 所示。

图 16-3　附件管理

3）3D 图形宏数据准备。在 EPLAN Pro Panel 宏项目中，准备设计所需的 3D 图形宏，关于宏的具体制作，请参考本书的基础数据篇，本节不再赘述，只指出关键设计点。

4）主断路器主体 3D 图形宏定义。在主断路器主体上，需要定义其附件操作机构的安装点，避免操作机构安装不准确，结果如图 16-4 所示。

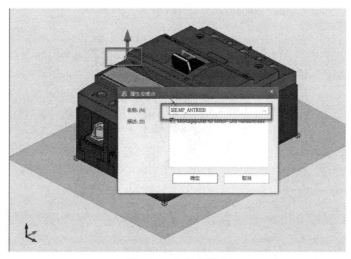

图 16-4　定义安装点

5）操作机构 3D 图形宏定义。分别定义操作手柄的中心孔所对齐的安装点，以及操作连杆装配的安装面，如图 16-5 所示。

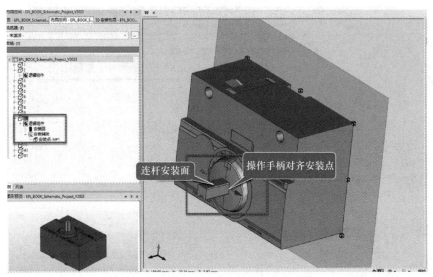

图 16-5　安装点和安装面的定义

6）操作手柄 3D 图形宏定义。操作手柄 3D 图形宏需要定义的主要是宏的安装深度以及基准点，特别是基准点的位置，它确保了两个安装附件的中心位置对齐，如图 16-6 所示。

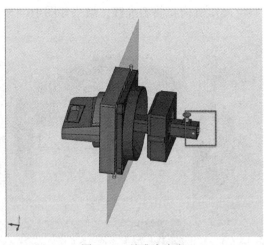

图 16-6　基准点定义

7）操作连杆的拉伸轮廓线定义。操作连杆的购买长度是固定的，但设计长

度是可变的，设计长度可变的部件在 EPLAN Pro Panel 中建议使用用户自定义的

导轨来进行设计，因此需要连杆的拉伸轮廓线定

义，如图 16-7 所示。

8）部件数据中宏和拉伸轮廓线数据的关联定

义。在宏项目中，将所定义的宏数据自动生成在

用户设置指定的文件夹中。在【部件管理】对话

框中，使用部件属性【<22010> 图形宏】关联所

创建的 3D 图形宏，如图 16-8 所示。

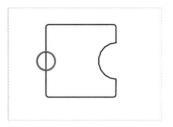

图 16-7   连杆的拉伸轮廓线定义

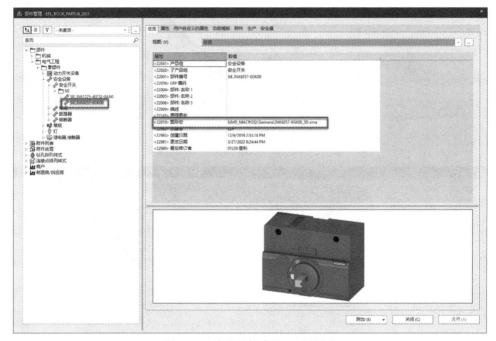

图 16-8   关联所创建的 3D 图形宏

操作连杆的拉伸轮廓线部件关联使用属性【<22145> 原理图宏】，如

图 16-9 所示。

9）操作手柄开孔数据准备。操作手柄安装在门上，需要对操作手柄的安装

进行开孔设计，即定义开孔尺寸数据，也就是钻孔排列样式，并关联开孔部件，

如图 16-10 所示。

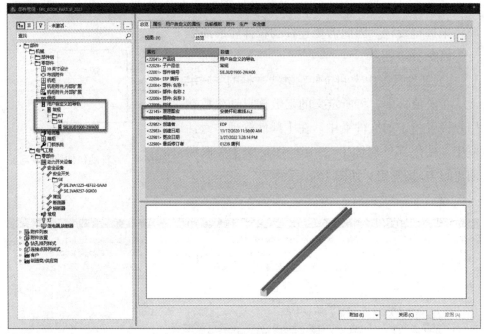

图 16-9 关联拉伸轮廓线

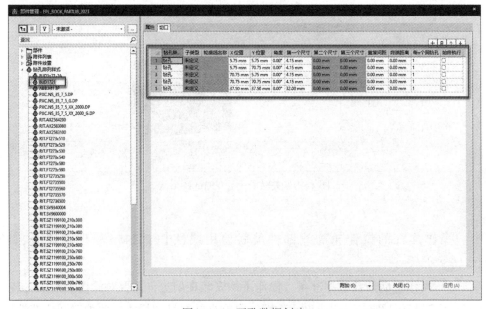

图 16-10 开孔数据创建

将该开孔数据关联到操作手柄部件上，完成开孔数据关联，如图 16-11所示。

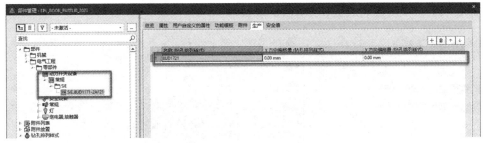

图 16-11　开孔数据关联

10）原理图设计准备。在部件、3D 图形宏、拉伸轮廓线和开孔数据等基础数据准备完成后，便可进入原理接线图的设计准备中，进行原理图中设备的部件选型，如图 16-12 所示。

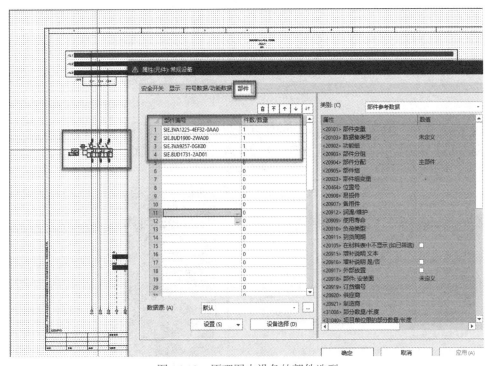

图 16-12　原理图中设备的部件选型

11）主断路器及其安装附件的 3D 装配设计。相关数据准备完成后，进入 3D 装配设计环节，由于篇幅有限，基础操作的细节这里不再赘述。

① 操作机构放置。当安装板正面被直接激活后，在【3D 安装布局】导航器中，拖放主断路器 QA1 的操作机构部件到安装板中，将操作机构放置到相应的

安装点上，单击完成放置，如图 16-13 所示。

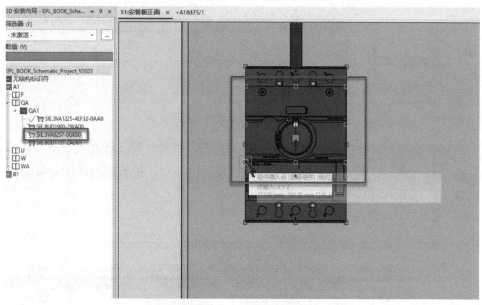

图 16-13　放置操作机构

② 操作手柄放置。操作手柄的放置有些复杂，请注意操作过程提示。在【布局空间】导航器中，通过【直接激活】命令激活门外侧安装面，如图 16-14 所示。

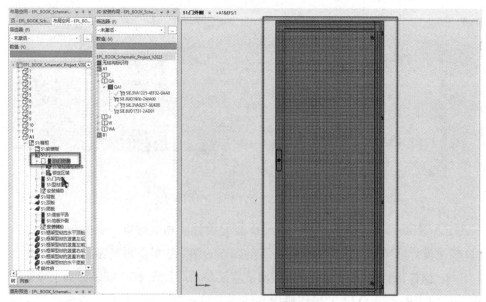

图 16-14　激活门外侧安装面

在【布局空间】导航器中，通过选择快捷菜单中的【显示】→【选择】命令，将安装板显示出来，如图 16-15 所示。

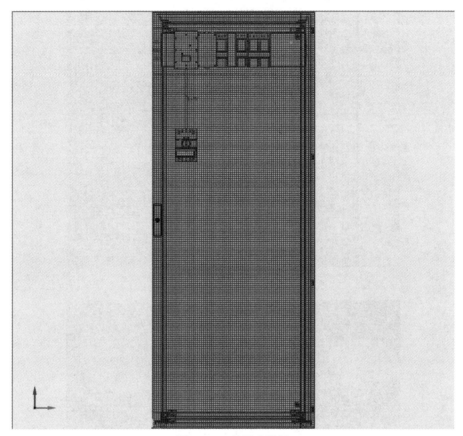

图 16-15　显示安装板

这样一来，激活的门外侧安装面和参考位置的安装板就同时显示出来，便于操作手柄和操作机构安装中心孔的对齐。

在【3D 安装板布局】导航器中，拖放操作手柄部件到门外侧安装面上，基准点捕捉到操作机构的中心点，单击进行选择确认，然后弹出【安装面选择】提示框，选择【安装面：门外侧】，如图 16-16 所示。

③ 操作连杆放置。选择【视图】→【3D 视角】→ ◆【3D 视角西南等轴视图】命令切换视图到西南视角，放大视图为合适大小，在【3D 安装布局】导航器中，拖放操作连杆部件到设计空间中，按住〈Ctrl+Shift+R〉快捷键，旋转操作连杆部件到合适的放置角度，如图 16-17 所示。

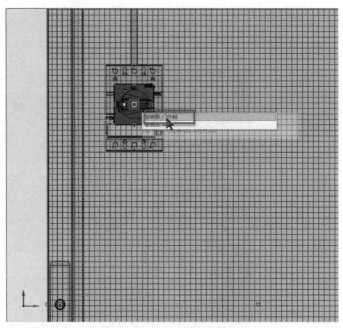

图 16-16　选择安装面

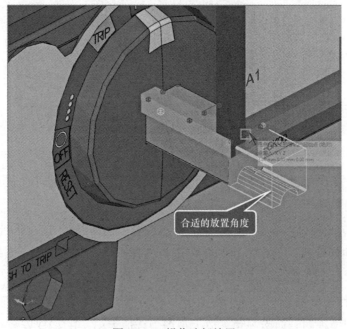

图 16-17　操作连杆放置

　　为了长度准确，可以调整操作连杆的放置位置为操作机构的内部，单击确定选择，移动鼠标开始拉伸操作连杆的长度，会发现操作连杆一直捕捉安装板的安装面，此时可以通过右击，在弹出的快捷菜单中选择【捕捉到安装面】命令，取消捕捉安装面模式，如图 16-18 所示。

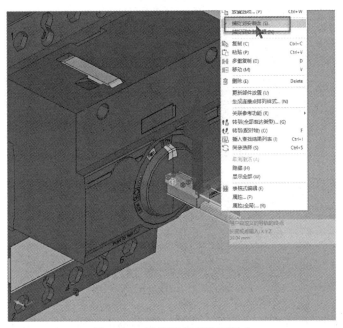

图 16-18　取消捕捉安装面模式

调整合适的视角，将操作连杆拉伸到合适的位置，如图 16-19 所示，单击进行选择确认，完成操作连杆的放置。

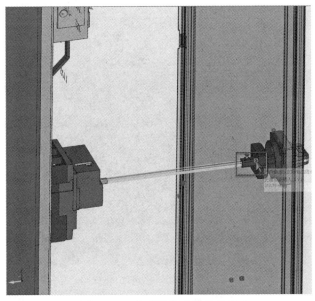

图 16-19　完成操作连杆的放置

通过上述过程，完成了整个主断路器及相关附件的布局设计，整体装配效果如图 16-20 所示，通过该示例的讲解，读者可以了解 EPLAN Pro Panel 是如何进行主断路器及其附件的装配设计的。

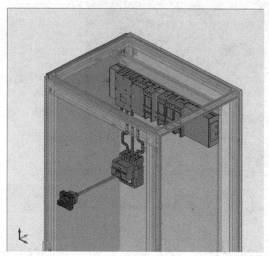

图 16-20　整体装配效果

12）操作手柄钻孔视图创建。完成主断路器的放置装配设计后，选择【视图】→【布局空间】→【钻孔视图】命令，可以生成操作手柄的钻孔视图，如图 16-21 所示。

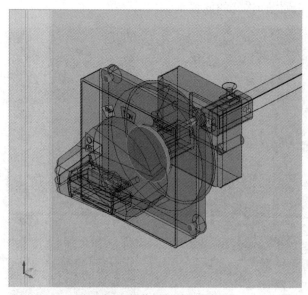

图 16-21　操作手柄的钻孔视图

生成钻孔视图后，就可以生成 2D 钻孔视图了，在【页】导航器中新建一页
页类型选择【模型视图（交互式）】，选择【插入】→【视图】→【2D 钻孔视图】
命令，如图 16-22 所示。

图 16-22 【2D 钻孔视图】命令

在打开的【钻孔视图】对话框中，选择对应的布局空间及基本组件，如
图 16-23 所示。

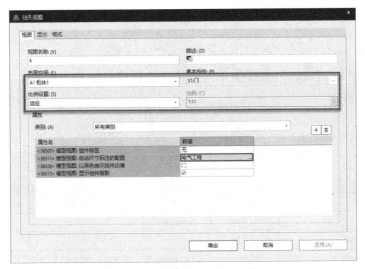

图 16-23 【钻孔视图】对话框

自动生成的钻孔视图及自动尺寸标注，如图 16-24 所示。

 提示：

　　EPLAN Pro Panel 软件对于钻孔通常是不进行尺寸标注的，因为可能
存在很多的钻孔，但设计师希望能进行尺寸标注，这就必须手工自定义尺
寸标注了。EPLAN Pro Panel 希望将这些数据输出给机器或者数控加工工程
师，而设计师则希望输出给工艺人员，但工艺人员可能不是数控加工工程
师，两者对尺寸标注的需求也是不一样的。

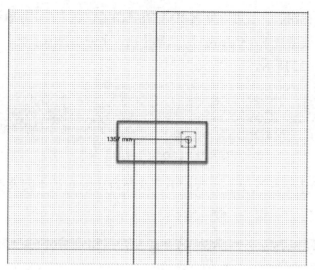

图 16-24 自动生成的钻孔视图及自动尺寸标注

EPLAN Pro Panel 为此提供了一个特有的报表，报表类型为【切口图例】，如图 16-25 所示。

切口图例

6			
切口	X 坐标	Y 坐标	切口规格
钻孔	132.31 mm	1324.44 mm	4.15 mm
钻孔	132.31 mm	1389.44 mm	4.15 mm
钻孔	197.31 mm	1324.44 mm	4.15 mm
钻孔	197.31 mm	1389.44 mm	4.15 mm
钻孔	164.06 mm	1356.19 mm	32.00 mm

图 16-25 【切口图例】报表

在该报表类型中，提供了切口的类型、坐标以及切口规格，该报表对于数控加工工程师而言是非常方便的，因为并不需要在意哪个孔是给哪个设备开的，只需要在数控加工设备上进行开孔排程即可。

16.2　端子排、端子及附件装配设计

在 EPLAN 设计过程中，端子的使用频率比较高，端子和端子附件组合成

端子排，端子排本身也还有附件，在 EPLAN 中可先使用 EPLAN Electric P8 完成端子的 2D 原理图设计，再使用 EPLAN Pro Panel 进行端子排的 3D 布局设计。

下面先简单了解一下端子排组成，端子排整体状态如图 16-26 所示。

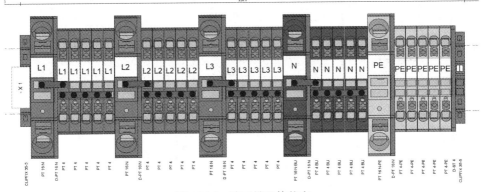

图 16-26　端子排整体状态

整个端子排由常规端子、N 端子、PE 端子、终端固定件、端板、端子条标记槽、变径和插拔式桥接件构成。

端子尽管从功能角度来看比较简单，但其类型很多，比如从电位角度（N型、PE 型）、空间角度（单层，多层）和连接方式角度（螺钉连接、弹簧连接、插头连接）等进行产品分类，端子的出现改进了设计和接线工艺。

按 EPLAN 的设计逻辑，进行端子排的设计时操作步骤如下：

1）端子部件数据准备。在 EPLAN 中建议先进行端子部件数据准备，可以使用 EPLAN Data Portal 进行部件数据的下载，如果 EPLAN Data Portal 中没有相关的部件，则可以参考 EPLAN Data Portal 中的数据管理模式进行部件数据的创建，EPLAN 对于数据的创建建立了相关标准，可以参考基础数据篇。

为了实现图 16-26 所示的端子排设计，准备了相关的端子部件数据，如图 16-27 所示。

关于端子部件的创建，需要注意两个重要属性：【<22367>产品分组】和【<22229>可排成行】。其他属性可参考常规的数据创建，而这两个重要属性影响到 EPLAN 端子排编辑器中的数据管理，在部件创建时需要加以注意，如图 16-28 所示。

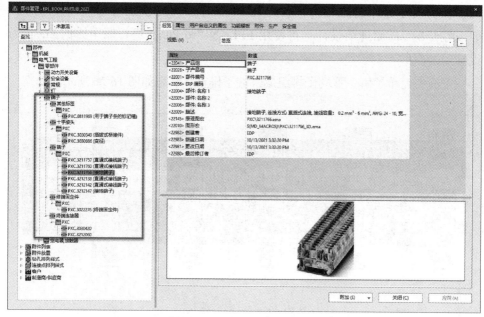

图 16-27　端子部件数据准备

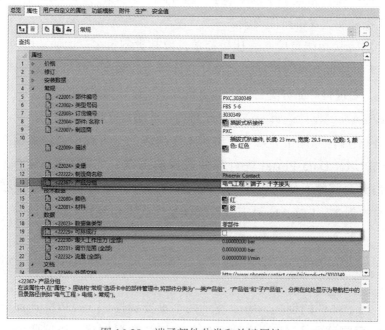

图 16-28　端子部件分类和关键属性

2）原理图设计准备。在 EPLAN Electric P8 中完成端子的原理接线图设计，如图 16-29 所示。

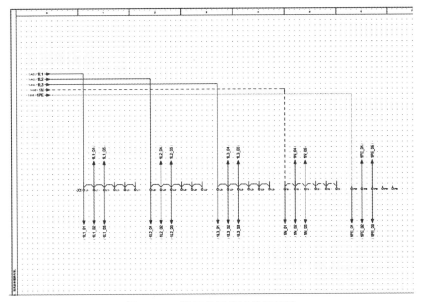

图 16-29　端子的原理接线图设计

在端子的原理接线图中进行端子的导线连接处理以及鞍形跳线的设计，在原理设计中也需要明确端子的功能定义，如 N 型端子和 PE 型端子，端子功能定义的设置位置如图 16-30 所示。

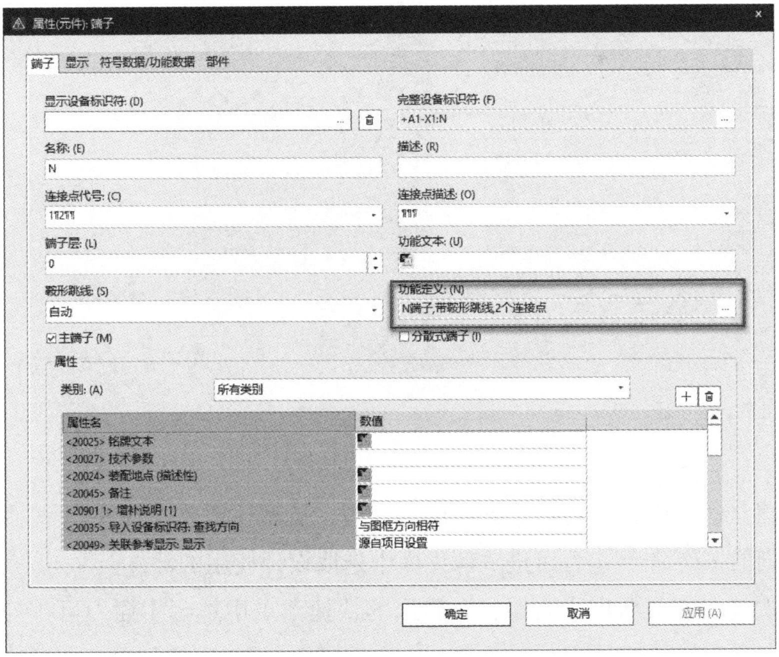

图 16-30　端子功能定义的设置位置

3）端子排部件及附件选型。在 EPLAN Electric P8 中的原理接线图设计完成后，可使用端子排编辑器对端子排的部件和附件进行选型处理。在原理接线图中，先选择端子排的任意端子，再选择【设备】→【端子】→【端子排】命令，如图 16-31 所示。

图 16-31　【端子排】命令

通过该命令进入【编辑端子排】对话框，如图 16-32 所示。

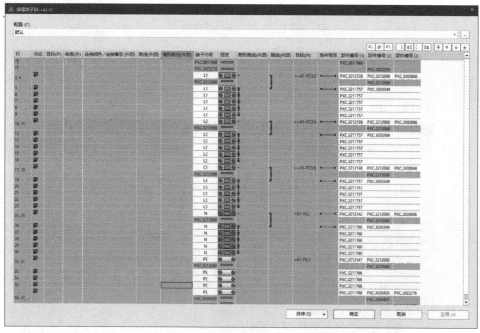

图 16-32　【编辑端子排】对话框

在该对话框中，先对端子进行部件选型，选型位置是【部件编号［1］】列，选择该列的拓展命令 ▦▦▦ ，可进入部件库中选取设计使用的部件。

其次，在该对话框中右击，在弹出的快捷菜单中选择【插入可排列成行的附件】命令，如图 16-33 所示。

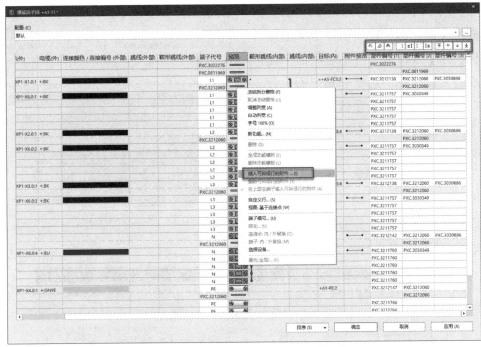

图 16-33　【插入可排列成行的附件】命令

该命令对插入终端固定件和端板等可排列成行的附件极为有用，结合【编辑端子排】对话框中右上角的【上下移动】命令，可将端子排中的终端固定件和端板等调整到合适的位置，设计结果如图 16-34 所示。

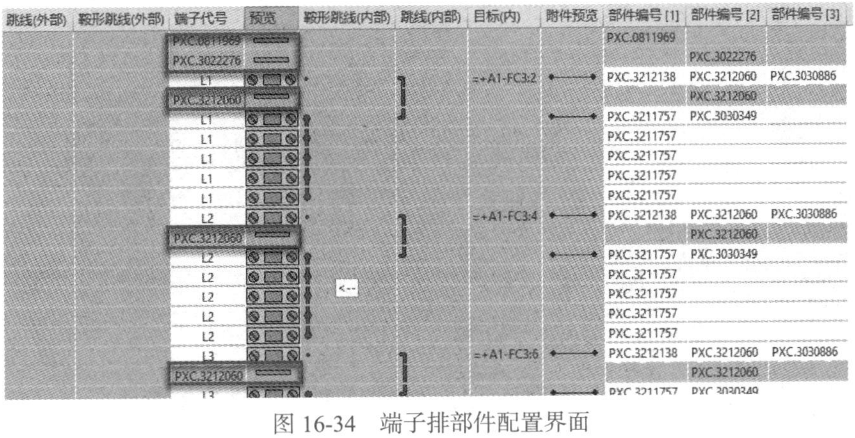

图 16-34　端子排部件配置界面

完成端子排部件选型、插入可排成行的附件和排列顺序后，需对跳线和鞍形桥接件进行选型，这个设计过程使用【部件编号［3］】列来完成。

最后对端子排的标记条插槽选型，它的选型位置不在【编辑端子排】对话框中完成，而是在端子排定义中完成。在【编辑端子排】对话框中完成终端固定件的选型和排列后，会自动在【端子排】导航器中增加一个未放置的端子排定义，如图 16-35 所示。

双击该端子排定义的图标，进入【属性（元件）：端子排定义】对话框，在其【部件】选项卡下完成端子排标记条插槽的选型，如图 16-36 所示。

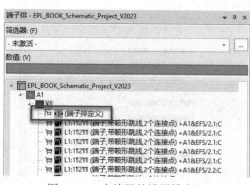

图 16-35　未放置的端子排定义

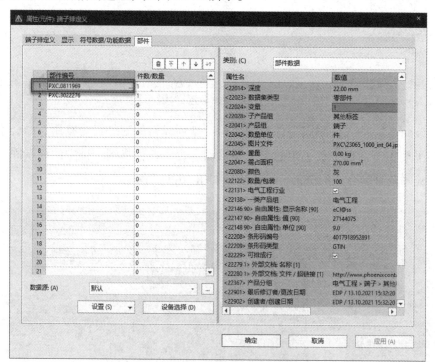

图 16-36　完成端子排标记条插槽的选型

这样就完成了端子排的原理接线图设计和部件及附件选型设计。

4）3D 图形宏的准备。使用 EPLAN Electric P8 处理好相关的设计数据后，便可使用 EPLAN Pro Panel 来进行 3D 图形宏的准备。关于宏的准备过程此处不再赘述。

端子部件宏的准备过程中，对于装配性附件如端子排标记槽、变径和桥接件这些非可排列的附件,需要为其定义安装点,以便将它们精准地装配。该过程需要在宏项目中完成,如图 16-37 所示。

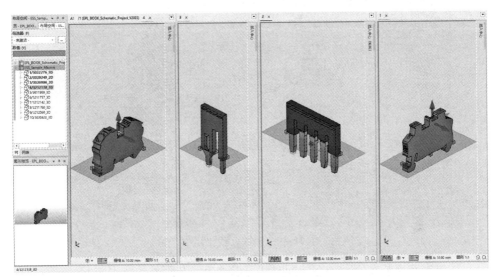

图 16-37 端子部件宏的准备

在宏项目中分别完成变径的安装点预定义,如图 16-38 所示。

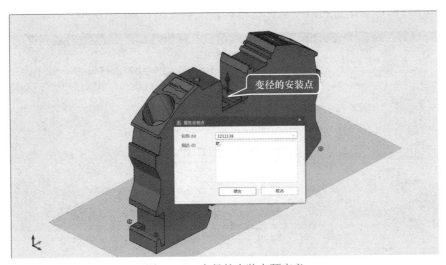

图 16-38 变径的安装点预定义

由于每个端子都定义了用于不同附件安装的安装点,为了防止误装配,需要进行安装点装配管理。即在装配附件的基准点上,管控其可使用的安装点,如图 16-39 所示。

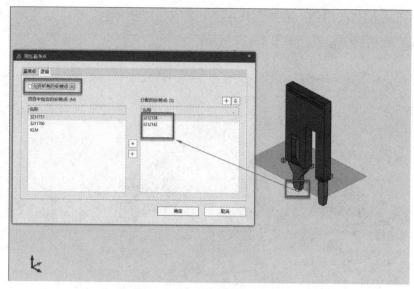

图 16-39　安装点装配管理

通过安装点装配管理，在装配时就可以避免安装附件的错误装配。

宏创建完成后，通过【宏】导航器将所定义的宏生成到用户设置下的主数据管理文件夹中，在 EPLAN Pro Panel 的【部件管理】对话框中，使用属性【<22010> 图形宏】可将这些宏同所选部件关联定义，如图 16-40 所示。

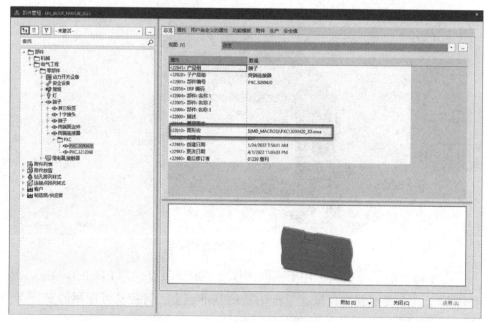

图 16-40　将宏与所选部件关联定义

5）端子排布局设计。随着原理图设计、部件选型、3D 图形宏等设计过程和数据准备的完成，端子排布局设计的前期准备就绪，则可进入端子排布局设计过程。

在【布局空间】导航器中，通过【直接激活】命令激活安装板正面，进入安装设计界面，在合适的位置选择【插入】→【设备】→ 🔡【安装导轨】命令，插入一个合适长度的安装导轨，如图 16-41 所示。

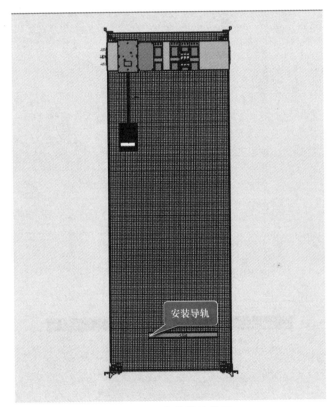

图 16-41　安装导轨放置

选择【插入】→【3D 安装布局】→【导航器】命令，开启【3D 安装布局】导航器。在该导航器中找到设计的端子排【X1】，选择任意端子并右击，在弹出的快捷菜单中选择【放置】命令，如图 16-42 所示。

然后，EPLAN Pro Panel 会弹出【放置端子排的部件】对话框，询问是否放置整个端子排，此时单击【是】按钮，如图 16-43 所示。

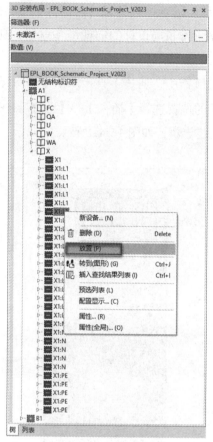

图 16-42 【放置】命令

图 16-43 【放置端子排的部件】对话框

接下来鼠标上会出现第一个终端固定件的 3D 模型，选取安装导轨上合适的起始位置，或者利用尺寸驱动设定部件与安装导轨左侧边沿的距离，如图 16-44 所示。

单击进行选择确认后，端子和所有可排列的附件会自动放置完成，而变径和桥接件并不放置，在【3D 安装布局】导航器中以未放置的状态显示，如图 16-45 所示。

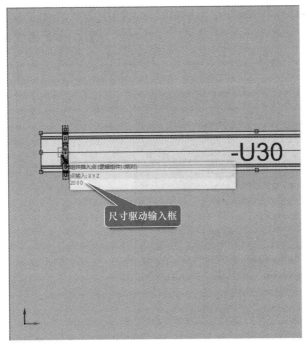

尺寸驱动输入框

图 16-44　端子排放置坐标输入

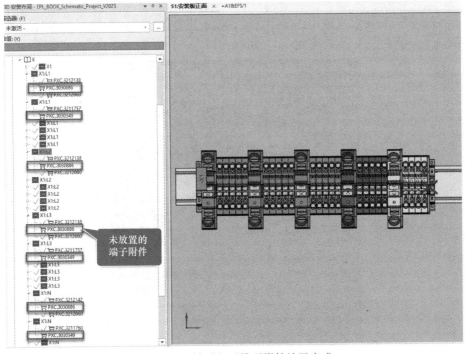

未放置的
端子附件

图 16-45　端子和可排列附件放置完成

对于未放置的端子附件，根据设计位置使用手动拖放功能拖至安装点放置即可，由于已经对安装点做了管控，不匹配的安装点将无法放置附件，匹配的安装点将以绿色小方框形式显示，如图 16-46 所示。

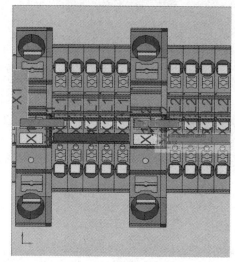

图 16-46　匹配的安装点

图 16-46 彩图

依次按设计要求完成附件装配设计，端子排整体放置结果如图 16-47 所示。

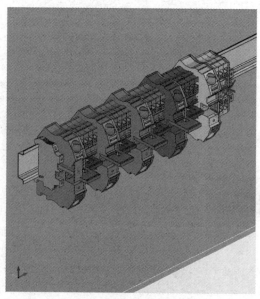

图 16-47　端子排整体放置结果

提示：

　　上述过程阐述了端子排 3D 布局设计的主要设计过程，其中容易被忽视的设计过程是在 EPLAN Electric P8 中的【编辑端子排】对话框的使用，特别是可排列附件的插入，这对端子排的详细设计很有帮助。EPLAN Pro Panel 的 3D 布局设计，对于端子排和其附件选型的数据验证很有帮助。

16.3　插头及插头附件装配设计

　　在电气工程中，插头和端子一样，也经常在工程设计中被用到，因为其比端子具有更好的防护性，并且与电缆的配合应用拓展了接线连接方式的处理，在防护等级、抗拉拽性上都比端子连接有优势，因此其在汽车工业产线设计中特别是环境恶劣的应用场所经常被使用到。

　　在 EPLAN 中，对于插头的设计存在两个角度：一个是面向工程角度；一个是面向工艺角度。

　　对于面向工程角度而言，客户只使用 EPLAN Electric P8 就可以完成插头设计，这个设计过程从工程角度就简化了插头的设计过程，只用来估算插头的数量和接线信息，如图 16-48 所示。

　　在图 16-48 中，将插头做了一个简化处理，就是表示两个连接对象间使用了插头连接，部件选型也做了简化处理，只用在插头定义中做整体部件选型即可。将插头与端子进行了类似处理，将插头图表与端子图表进行了同等处理。这就是面向工程角度时将插头的复杂应用进行的简化处理，它并不影响工程信号的传递。

　　对于面向工艺角度而言，EPLAN 有两款工具来处理工艺的设计，分别是 EPLAN Pro Panel（用于 3D 安装布局设计工具）和 EPLAN Harness proD（用于 3D 线束设计工具）。如果这两款设计工具引入设计过程，那么在原理图设计中就不能再进行简化设计了，需要从工艺角度来进行关联设计。这就需要对 EPLAN 软件的应用规则和插头产品更加熟悉。

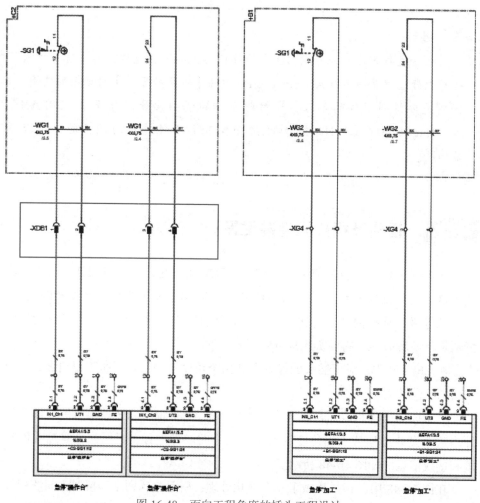

图 16-48　面向工程角度的插头工程设计

下面以浩亭（Harting）这个插接器厂商的产品为例来介绍插头的产品结构，如图 16-49 所示。

由图 16-49 可知，插头由插针模块、插座模块、铰接框架、上壳、底座、电缆紧固件以及针芯组成，而且一个插头可以由多种插针和插座模块拼装而成。

在工艺设计中，需要满足插针和插座模块的识别、装配、布线和开孔等工艺设计要求，这样就不能按工程设计模式进行简化处理了，需要精准地表达各个装配体。

如果按 EPLAN 的设计逻辑进行插头的设计，则操作步骤如下：

1）部件数据准备。可以使用 EPLAN Data Portal 来下载部件的参考数据，注意部件的分类，如图 16-50 所示。

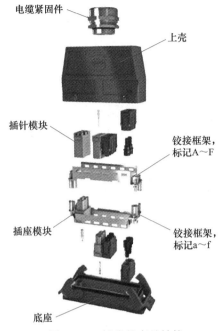

图 16-49 插头的产品结构

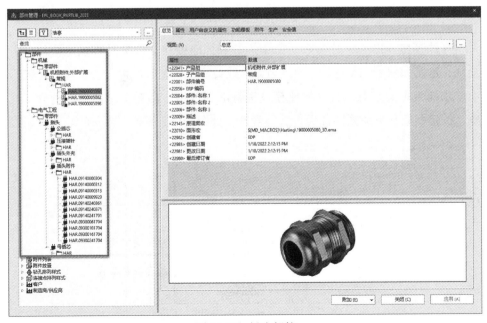

图 16-50 插头部件

2）原理接线图设计准备。部件数据准备完成后，再进行原理接线的精准表达，这个过程在 EPLAN Electric P8 中完成，创建一个原理接线图页，如图 16-51 所示。

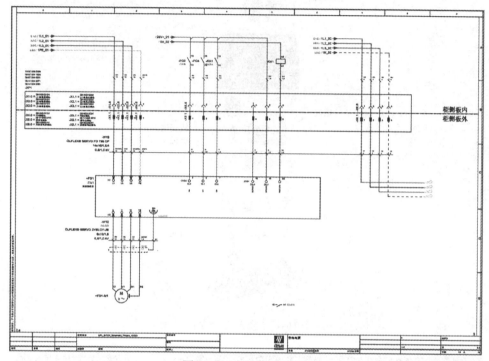

图 16-51 原理接线图页

在原理接线图中，分开表达每个插针和插座模块，即插针和插座模块分开绘制，这点和图 16-48 完全不同，因为此处要面向工艺装配而设计。

用插头定义来对插针和插座模块进行部件选型。用黑盒对插头的上壳、底座、铰接框架和电缆紧固件进行选型管理，如图 16-52 所示。

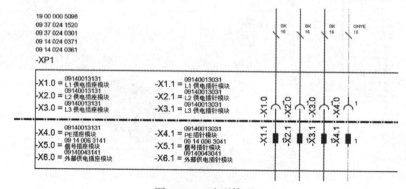

图 16-52 选型管理

提示：

插针和插座符号上不能进行插针和插座模块的选型，但可以对针芯选型，不同的插针和插座模块可以放置不同的针芯，如不同额定电流的针芯，镀银或者镀金的针芯等，如图 16-53 所示。

	截面积/线规 单位：mm²	AWG	插针针芯（镀银）	插座针芯（镀银）	插针针芯（镀金）	插座针芯（镀金）	插针针芯（HMC镀金）	插座针芯（HMC镀金）
16 A - Han E®	0.14～0.37	26～22	09 33 000 6127	09 33 000 6227	09 33 000 6117	09 33 000 6217	09 33 200 6117	09 33 200 6217
	0.5	20	09 33 000 6121	09 33 000 6220	09 33 000 6122	09 33 000 6222	09 33 200 6122	09 33 200 6222
	0.75	18	09 33 000 6114	09 33 000 6214	09 33 000 6115	09 33 000 6215	09 33 200 6115	09 33 200 6215
	1	18	09 33 000 6105	09 33 000 6205	09 33 000 6118	09 33 000 6218	09 33 200 6118	09 33 200 6218
	1.5	16	09 33 000 6104	09 33 000 6204	09 33 000 6116	09 33 000 6216	09 33 200 6116	09 33 200 6216
	2.5	14	09 33 000 6102	09 33 000 6202	09 33 000 6123	09 33 000 6223	09 33 200 6123	09 33 200 6223
	3	12	09 33 000 6106	09 33 000 6206				
	4	12	09 33 000 6105	09 33 000 6207	09 33 000 6119	09 33 000 6221	09 33 200 6119	09 33 200 6221
	截面积/线规 单位：mm²	AWG	插针针芯（镀银）	插座针芯（镀银）			插针针芯（HMC镀金）	插座针芯（HMC镀金）
40 A - Han® C	1.5	16	09 32 000 6104	09 32 000 6204			09 32 200 6114	09 32 200 6225
	2.5	14	09 32 000 6105	09 32 000 6205			09 32 200 6115	09 32 200 6225
	4	12	09 32 000 6107	09 32 000 6207			09 32 200 6117	09 32 200 6227
	6	10	09 32 000 6108	09 32 000 6208			09 32 200 6118	09 32 200 6228
	10	8	09 32 000 6109	09 32 000 6209			09 32 200 6119	09 32 200 6229

针芯选型位置如图 16-54 所示。

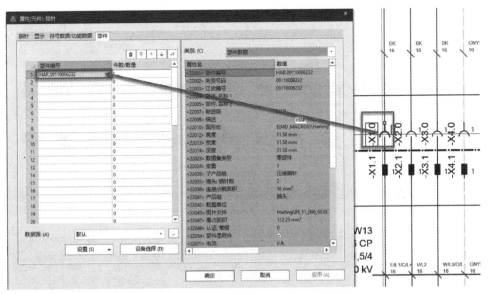

图 16-54　针芯选型位置

3）3D 图形宏数据准备。在部件数据和原理接线图设计准备好后，需根据所需要的设计准备好 3D 图形宏数据。宏的制作过程和部件数据的关联过程在此不再赘述，可以参考本书的基础数据篇。插头 3D 图形宏的制作重点在宏的基准点和安装点的定义，如图 16-55 所示。

图 16-55　安装点的定义

虽然 3D 图形宏数据准备对于 EPLAN Pro Panel 的应用是一个挑战，但 EPLAN Pro Panel 的精准设计会大幅提升设计质量，避免错误选型、遗漏选型等问题。这也是工艺设计和工程设计的区别，工艺设计追求精准、高质量，而工程设计追求提升设计效率、抓住主要设计矛盾。但不管哪种设计角度都需要数据创建，这个过程不能省略，由于插头及插头附件的复杂性，3D 图形宏数据准备具有一定的数量级，如图 16-56 所示。

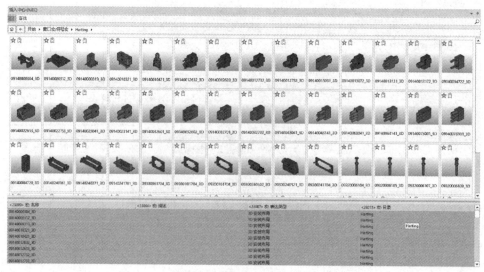

图 16-56　插头及插头附件的 3D 图形宏数据准备

4）插头的 3D 布局设计。所有数据准备完成后，进入 3D 布局设计环节。在 EPLAN Pro Panel 的【布局空间】导航器中，右击，在打开的快捷菜单中选择【直接激活】命令激活左侧板外部安装面。然后选择【插入】→【3D 安装布局】→【导航器】命令，打开【3D 安装布局】导航器，开始进行插头的 3D 布局设计。插头本身具有一定的装配逻辑，3D 布局设计需要按装配逻辑来完成，操作过程如下：

① 底座放置。在【3D 安装布局】导航器中，找到底座部件，单击选择该部件，拖放到左侧板外部安装面上，如图 16-57 所示。

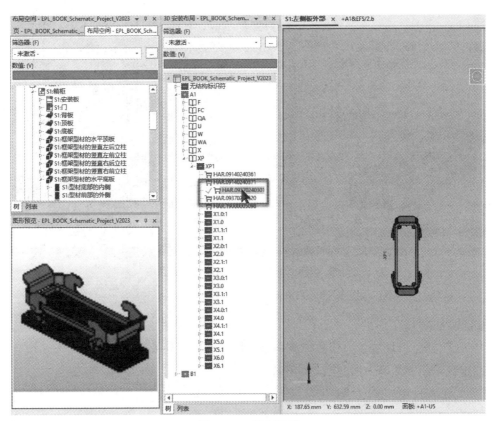

图 16-57　底座放置

② 插座模块的铰接框架放置。在【3D 安装布局】导航器中找到插座模块的铰接框架，将其拖放到底座上，插座模块的铰接框架会捕捉预定义的安装点并

快速完成装配，如图 16-58 所示。

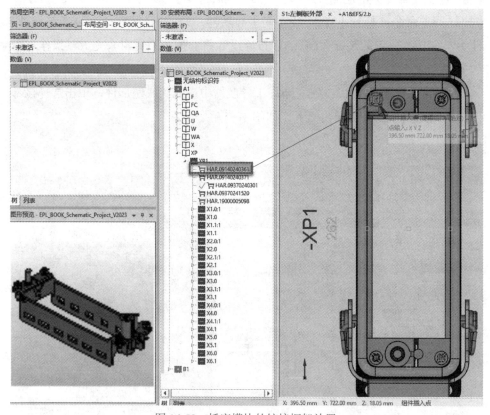

图 16-58 插座模块的铰接框架放置

③ 插座模块放置。依次拖放插座模块部件装配到铰接框架上，插座模块会捕捉预定的安装点，如图 16-59 所示。

④ 插针模块的铰接框架放置。在【3D 安装布局】导航器中找到插针模块的铰接框架，将其拖放到插座模块铰接框架上，插针的铰接框架会捕捉预定义的安装点并快速完成装配，如图 16-60 所示。

⑤ 插针模块放置。依次拖放插针模块部件装配到铰接框架上，插针模块会捕捉预定的安装点，如图 16-61 所示。

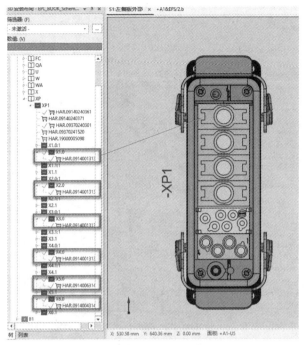

图 16-59 插座模块放置

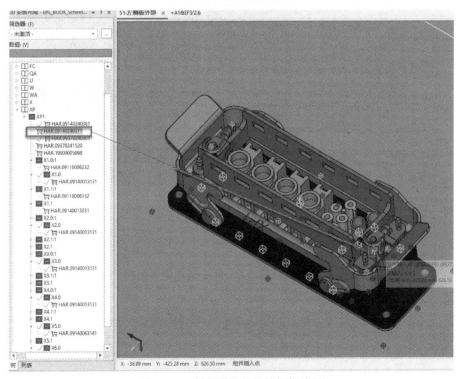

图 16-60 插针模块的铰接框架放置

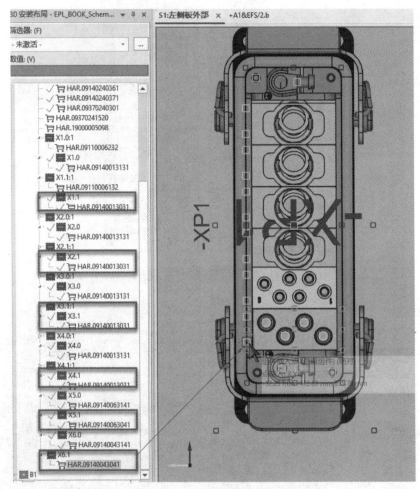

图 16-61　插针模块放置

⑥ 上壳放置。拖放上壳部件装配到插针模块的铰接框架上，该部件会捕捉预定的安装点，如图 16-62 所示。

⑦ 电缆紧固件放置。拖放电缆紧固件装配到上壳上，该部件会捕捉预定的安装点，如图 16-63 所示。

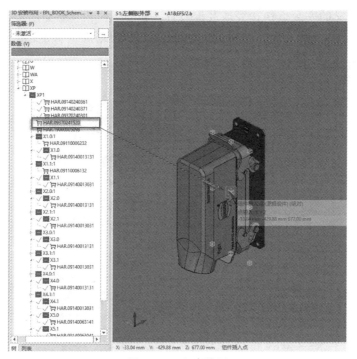

图 16-62　上壳放置

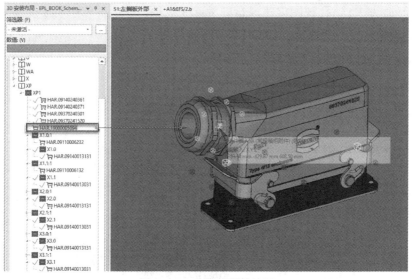

图 16-63　电缆紧固件放置

　　这样除了针芯之外，整个插头的 3D 布局设计过程就完成了，整个过程基本上通过预定义的安装点快速完成装配设计，只要数据准确度好，就可以模拟一个高质量的插头装配设计，并且通过装配验证可以检验物料选择的合理性。插头整体布局设计完成后，如图 16-64 所示。

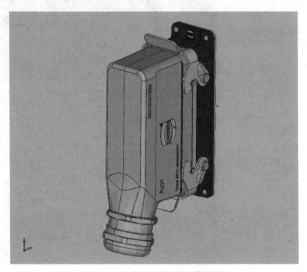

图 16-64　插头放置整体效果

　　5）插头 3D 钻孔视图创建。布局设计完成后，在部件库中对于底座已经进行开孔数据定义的情况下，选择【视图】→【布局空间】→【钻孔视图】命令，可自动生成钻孔视图，钻孔结果如图 16-65 所示。

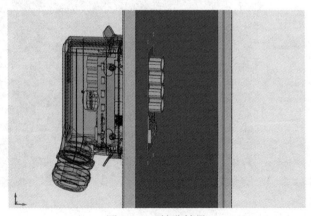

图 16-65　钻孔结果

提示：

　　使用 EPLAN Pro Panel 进行插头的布局设计时，要注意同 EPLAN Electric P8 的原理接线图设计关联起来，这个比较重要，每一个插头模块的使用要对应一个插头定义的使用，即使只有一个针孔的插头模块也要使用一个插头定义，否则不容易建立清晰的模块关联管理，可能会影响到布线设计。

16.4　机电协同装配设计

　　从功能角度来看，从柜体的附件装配到插头的依次装配已经将 EPLAN Pro Panel开发的装配功能尽数展现出来，但这两个设计应用都是面向电气工艺设计的。从 EPLAN Pro Panel 的工具菜单上，也可以看出 EPLAN Pro Panel 推荐面向电气箱柜的布局设计。

　　但"Panel"一词，也能理解成面向"面板"装配的 3D 设计，这就将设计引向了另外一种设计方向，并且可以面向更多装配情景，使工程师不再局限于专业限制，而可以开展跨专业交互设计。机械工程师进行 3D 模型的创建，这源于 MCAD 的专业性，电气工程师根据设计在该模型上进行电气元件的装配设计，流体工程师则可以进行流体元件的装配设计，这些不复杂的装配设计可以不再只依托于机械工程师。

　　EPLAN 一直致力于建立跨专业协同数字化设计平台，作为 EPLAN 数字化平台的一部分，EPLAN Pro Panel 可以支持更多专业面向"Panel"的设计，如支持流体专业中气动元件的装配。

　　在 EPLAN 2023 版本之后，EPLAN 开始了全面"数字化"的发展战略，使软件平台走向"云"端，同时加强软件的 3D 处理能力，以支持更大的 3D 模型处理，这对于制造业中的机电协同设计是一个好消息，企业中的数字化不应只是"机械设计"的数字化，工艺、机械、电气和软件也应该全面数字化。

　　EPLAN Pro Panel 既可以支持电气工程，也可以支持流体工程，这样就构建了一个基础的机电协同环境，可以在 EPLAN Pro Panel 中进行电气箱柜及元件的3D 装配设计，也可以进行流体专业的气源处理和阀体的装配设计，如图 16-66所示。

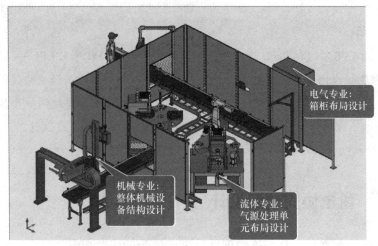

图 16-66　基础的机电协同环境

图 16-66 中构建的 3D 虚拟设计，需要机械、流体和电气三个专业的协同设计，并且要以一定的设计流程来进行，由此可以看到 EPLAN Pro Panel 是支持复杂装配体的 3D 虚拟环境设计的。在机械结构设计的基础上，使用 EPLAN Pro Panel 可以拓展气动元件的装配设计，操作过程如下：

1）机械 3D 模型数据准备。根据设计标准，所有 MCAD 软件为了实现跨软件间的数据交互，都可以将所设计的 3D 数据模型输出为 .stp、.step 和 .ste 格式的文件。EPLAN Pro Panel 可以导入这三种格式的 3D 模型文件，如图 16-67 所示。

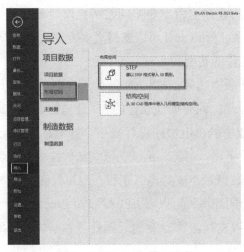

图 16-67　导入 3D 模型文件

2）部件数据准备。同电气设计一样，流体设计需要准备所需要的部件。在 EPLAN 的【部件管理】对话框中，设定了流体专业的气动部件产品组，如图 16-68 所示。

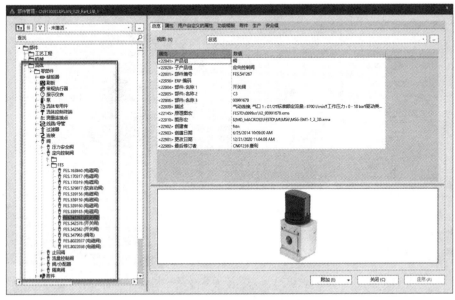

图 16-68　流体专业的气动部件产品组

部件数据准备的过程和电气数据准备的过程一样，请参考本书的基础数据篇。

3）气动原理图准备。气动原理图的设计需要使用 EPLAN Fluid 模块来完成，它类似 EPLAN Electric P8，如图 16-69 所示。

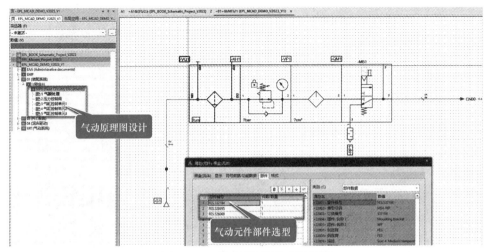

图 16-69　气动原理图及部件选型

4）3D 图形宏数据准备。流体 3D 图形宏数据准备过程和电气 3D 图形宏数据准备过程一样，只是行业划分为流体专业，宏创建过程一样，如图 16-70 所示。

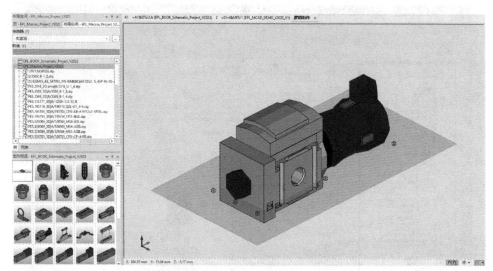

图 16-70　3D 图形宏数据准备

3D 图形宏数据准备的过程中，重点是宏的基准点和安装点的定义，以实现精准装配，如图 16-71 所示。

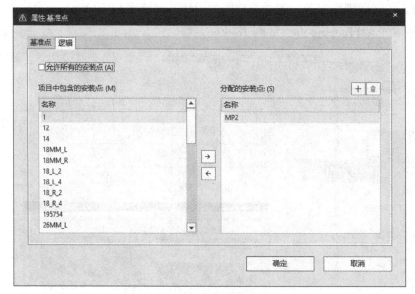

图 16-71　基准点和安装点的定义

3D 图形宏数据准备完成后，自动生成宏到本地文件夹，并关联所创建的部件，由此完成 3D 布局前的数据准备。

5) 3D 布局设计。数据准备完成后，进入气动元件的 3D 布局设计阶段，相对于柜体的设计，机械模型导入 EPLAN Pro Panel 后不需要提前进行全部安装面的预定义，可以在设计过程中按需要定义安装面。由于模型特征较多，定义过程可能需要花费一定的时间。

① 定义安装面。选择【插入】→【安装辅助】→【安装面】命令来定义安装面，如图 16-72 所示。

图 16-72 【安装面】命令

单击选取机械结构模型中的零件，如图 16-73 所示，选择面以高亮形式显示。

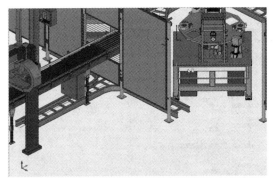

图 16-73 选择面

图 16-73 彩图

进入【属性（元件）：部件放置（3D）】对话框中，由于机械结构复杂，为了在导航器中快速找到安装面，建议填写【<36018> 组件描述】，如图 16-74 所示。

最后单击【确定】按钮完成安装面的定义。

② 导航器显示配置。尽管填写了组件描述，但在【布局空间】导航器中，默认情况下并不显示组件的描述，因此需要调整导航器的默认显示配置。在【布局空间】导航器中右击，在弹出的快捷菜单中选择【配置显示】命令，如图 16-75 所示。

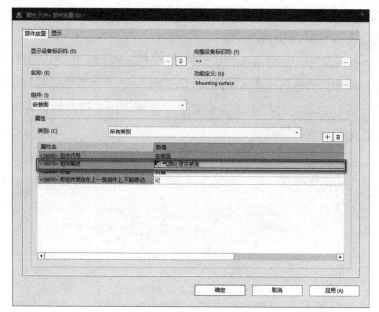

图 16-74　安装面描述

图 16-75　【配置显示】命令

　　在弹出的【配置显示】对话框中，单击【功能：部件放置（3D）】的块格式的拓展按钮，进入【格式】对话框，添加【<36018> 组件描述】到格式中，并可添加自定义的分隔符，如图 16-76 所示。

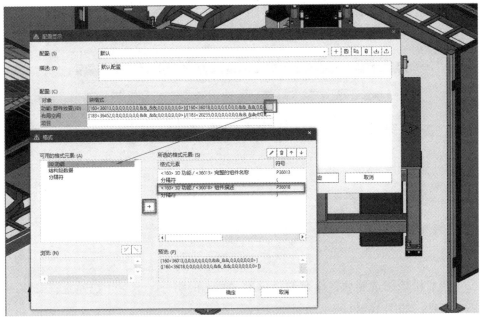

图 16-76 配置显示

这样导航器中就显示了组件描述，增加了辨识度，如图 16-77 所示。

③ 导航器中筛选器的设置。配置显示中增加组件描述后，提高了安装面的辨识度，但如果组件过多，还是不便于查找，这种情况下最好建立一个筛选器。

图 16-77 配置显示的效果

在【布局空间】导航器中，找到 □ 【筛选器扩展】按钮，如图 16-78 所示。

图 16-78 【筛选器扩展】按钮

进入【筛选器】对话框，创建【组件描述】筛选配置，并选中【快速输入】复选框，以便随时填写其他的组件描述过滤值，如图 16-79 所示。

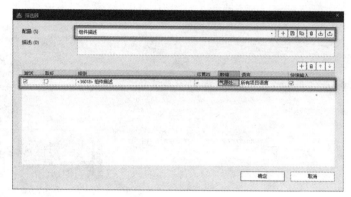

图 16-79 筛选器配置

当启用该筛选器后，导航器将只显示筛选的组件，这对于快速查找安装面极有帮助，如图 16-80 所示。

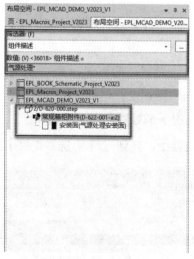

图 16-80 筛选器

④ 气动元件布局设计。在使用筛选器后的【布局空间】导航器中选择筛选出的安装面，右击，在弹出的快捷菜单中选择【直接激活】命令，快速筛选掉多余的机械结构，只显示具有当前安装面的机械部件。然后进入【3D 安装布局】导航器，拖放所设计的部件到安装面中进行放置。这个过程和电气设计的过程一样，根据放置顺序依次放置元件，如图 16-81 所示。

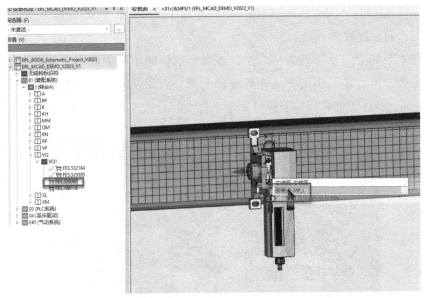

图 16-81　气动元件布局设计

　　根据图 16-69 所绘制的气动原理图的顺序依次放完整个气源处理三联件，结果如图 16-82 所示。

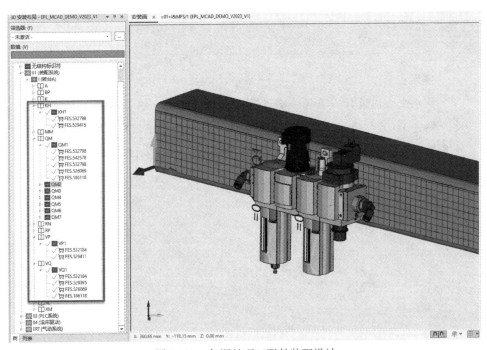

图 16-82　气源处理三联件装配设计

　　这样在 EPLAN Pro Panel 中也可以快速完成流体专业中气源处理三联件的快速装配，而且过程并不复杂。

　　在【布局空间】导航器中右击，在弹出的快捷菜单中选择【显示】→【全部】命令，可以显示出所有的布局设计元素，由此就能看到电气、流体和机械三个专业的 3D 数据在同一个设计软件平台中同时体现，如图 16-83 所示。

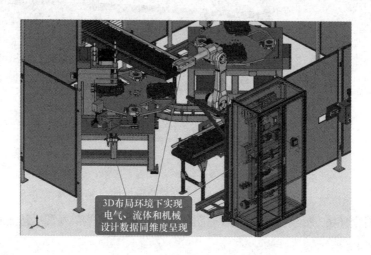

图 16-83　机电协同设计效果图

 提示：

　　多专业协同设计一直是高效工程设计的追求之一，企业通过数字化建设，构建 3D 虚拟设计环境，可实现数字化样机、数字化样柜和数字化工厂等多专业协同数字化设计，以实现虚拟到现实的数字化仿真设计过程。

第 17 章
3D 布线布管设计

　　EPLAN Pro Panel 从设计角度看有三个主要的设计功能：布局设计、开孔设计和布线设计。本章将对 EPLAN Pro Panel 的布线设计进行解释说明。

　　EPLAN Pro Panel 布线设计的目标是从电气工艺流程上帮助用户将早期的串行工艺流程改进为并行工艺流程，以节约交付周期。通过箱柜的数字化设计，在柜体和元件没有到达装配现场的情况下，就可以进行导线的预制，因为 EPLAN Pro Panel 的虚拟化布线可以评估出导线的长度和压接方式等制线数据，并提供清晰的导线表工艺文件。导线的预制改进了工艺流程，可以帮助用户缩短箱柜制造周期。

　　但布线工艺设计是复杂的，特别是在一些结构复杂的柜体中，走线路由的规划设计本身就是一个挑战，而且导线的走线方式也可能为架空走线。同时有些布线需要进行捆扎、胶带缠绕和波纹套管等更多的制线工艺。由于布线的复杂性，EPLAN 有两款布线解决方案，即 EPLAN Pro Panel 和 EPLAN Harness proD，两者从布线工艺角度来看是不同的：EPLAN Pro Panel 常用于箱柜布线，布线工艺相对简单，主要用来评估导线长度和端头处理；EPLAN Harness proD 以钉板图为主要工艺文件，布线工艺精准，适合对布线工艺要求高的用户。

　　上述说明主要想让读者对 EPLAN Pro Panel 的布线有一个清晰的认知，因为 EPLAN 的产品定位是清晰的，读者认知如果不清晰，可能为造成设计负担。EPLAN Pro Panel 主要解决以下几方面的布线或者布管设计情景：

（1）自动化电控柜的柜内布线

该布线情景有两种应用场景，一种是基于安装板和线槽进行布线，一种是无安装板、无线槽的空间自由布线。

（2）柜外现场设备的电缆布线

这种应用情景比较特殊，它需要大型 3D 环境来进行，对企业的整体数字化要求高，3D 数据建模工作巨大，因此不是 EPLAN Pro Panel 的主要设计情景。

（3）流体设计的 3D 布管设计

EPLAN Pro Panel 支持气动元件控制板的气管 3D 布管设计以及小型液压站的硬管 3D 布管设计，该设计过程需要 EPLAN Fluid 设计模块配合使用。

17.1 布线布管设计数据准备

EPLAN Pro Panel 的布线布管设计需要有一定的先决条件，否则是无法进行布线布管设计的，这些前提条件如下：

（1）连接点排列样式

所有布线的设备都需要定义连接点排列样式，关于连接点排列样式的定义过程，请参考 7.3.8 节。

（2）导线部件的定义

导线是布线的关键部件之一，必须进行部件数据创建，而且有关布线的关键部件数据必须定义：【功能模板】中的导线颜色和截面积，如图 17-1 所示。

图 17-1　芯线数据定义

技术数据中的外径必须带单位填写，如图 17-2 所示。

（3）电缆部件的定义

电缆也是布线的关键部件，需要在部件库中进行准确定义，内容和导线部件的定义类似，要定义【功能模板】中的芯线颜色和截面积，如图 17-3 所示。

技术数据中的外径和最小折弯半径必须带单位填写，如图 17-4 所示。

图 17-2　芯线部件分类及外径定义

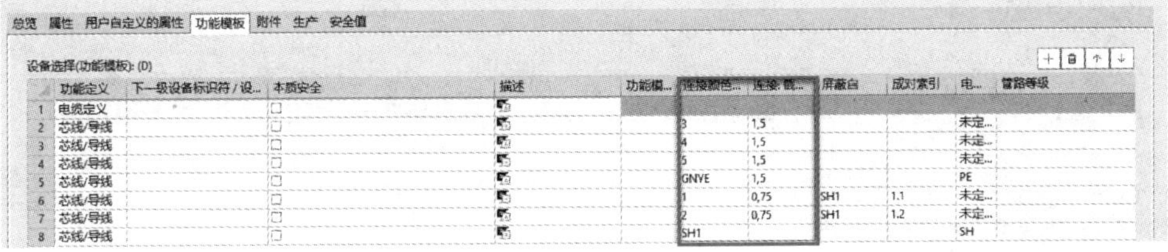

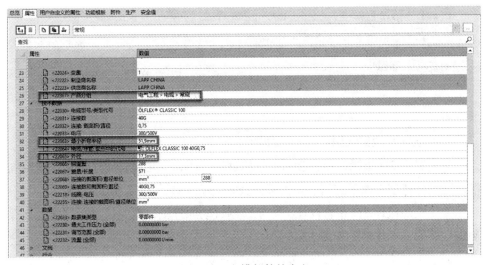

图 17-3　电缆芯线数据定义

图 17-4　电缆部件的定义

（4）气管的部件定义

气管为气动管路的 3D 布管关键部件，其部件定义也有一定的要求，要定义【功能模板】中气管管路颜色及气管外径，注意其填写规则和导线及电缆的数据定义有专业性差异，如图 17-5 所示。

图 17-5　气管的部件定义

技术数据中必须填写外径和内直径，且须带单位填写，如图 17-6 所示。

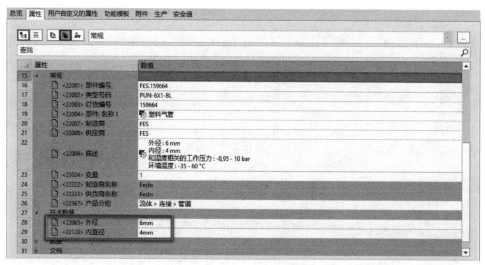

图 17-6　气管部件关键数据

（5）电气原理接线图及气动原理图准备

为了实现 3D 布线，需要绘制电气原理接线图，并对设备间连接的导线及电缆进行部件选型，通过选型确定连接的技术规格，如图 17-7 所示。

为了实现流体 3D 布管设计，需要绘制气动原理图，对气管进行部件选型并确定气管的技术规格，如图 17-8 所示。

通过上述内容可完成布线布管前的设计数据准备，然后即可进入布线布管设计阶段。

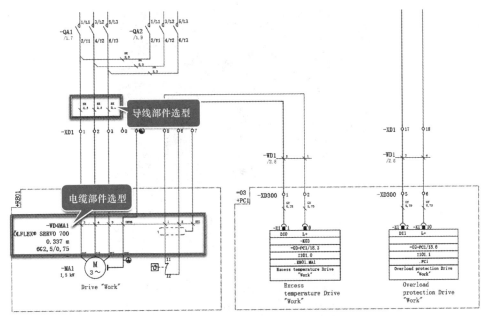

图 17-7 电气原理接线图及对导线部件和电缆部件选型

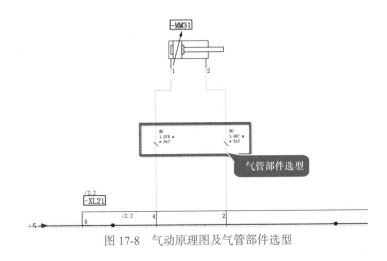

图 17-8 气动原理图及气管部件选型

17.2 常规电控柜内布线设计

EPLAN Pro Panel 主要的布线设计是常规电控柜内布线设计，常规电控柜内布线如图 17-9 所示。

图 17-9   常规电控柜内布线

从图 17-9 中可以看到设备间的导线连接经过线槽有序排布，有经验的布线工程师会根据设备元件的摆放位置、导线的截面积和电压等级等设计信息按照一定的工艺要求完成布线和接线。布线工程师要对原理图有解读能力，而且要有一定的接线经验，以尽可能地减少导线的裁剪浪费。

着眼电控柜工艺制造的未来发展，企业从经营角度出发一定会优化设计流程，电控柜加工将由串行工艺流程发展成阶段性的并行工艺流程，以缩短交付周期，这需要对设计过程进行数字化投入，也可能增加智能制造设备的投入，改进制线工艺过程。

关于布线的设计，主要操作过程如下：

1）线槽布线路径规划设计。在 EPLAN Pro Panel 中，当设计数据准备完成后，即可开始元件布局摆放设计和布线路径规划设计，布线路径在安装板中最典型的体现就是线槽，如图 17-10 所示。

在 EPLAN Pro Panel 中，可以选择【视图】→【待布线的连接】→【布线路径视图】命令来高亮显示布线路径，如图 17-11 所示。

整个安装板的线槽以高亮形式显示，如图 17-12 所示。

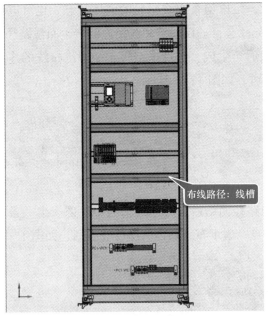

图 17-10　布线路径：线槽

图 17-11　【布线路径视图】命令

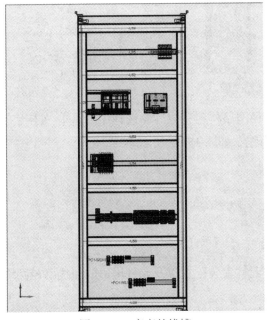

图 17-12　高亮的线槽

图 17-12 彩图

通过高亮形式，可以检查布线路径的整体状态，也可以检查路径间是否连通，EPLAN Pro Panel 会自动在线槽和线槽之间产生布线路径网络。该布线路径网络可以删除，然后再生成，选择【编辑】→【待布线的连接】→【生成布线路径网络】命令即可，如图 17-13 所示。

图 17-13　【生成布线路径网络】命令

自动生成布线路径网络后，会在线槽的中底部产生一条蓝色的线，交叉处自动产生蓝色交叉点，表示布线路径网络已经打通，如图 17-14 所示。

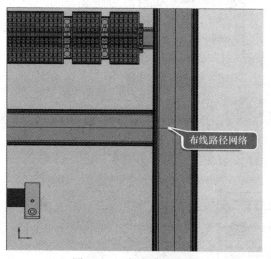

布线路径网络

图 17-14　布线路径网络　　　　　　　图 17-14 彩图

2）自动生成布线。布线路径网络构建完成后，选择【编辑】→【待布线的连接】→【布线】命令来生成布线，如图 17-15 所示。

图 17-15　【布线】命令

EPLAN Pro Panel 可自动按元件安装配置以及元件周边的布线路径网络给出最佳的自动布线，如图 17-16 所示。

布线完成后，进行布线结果检查时，可能会发现有些导线布线的结果并不合理，如图 17-17 所示。

图 17-16　自动生成布线

图 17-17　布线结果不合理状态

3）修正连接点排列样式。布线结果不合理的原因是设备的连接点排列样式中的布线方向定义为了【自动】，此时 EPLAN Pro Panel 会根据源和目标的位置情况，自动给出最短的走线。建议在准备基础数据时，考虑设备的布线方向，直接定义好布线方向，如图 17-18 所示。

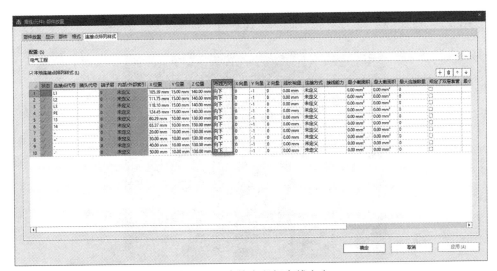

图 17-18　直接定义好布线方向

修正连接点排列样式后，再次选择【编辑】→【待布线的连接】→【布线】命令重新生成布线，此时原本不合理的布线方向将修正为合理状态，如图 17-19 所示。

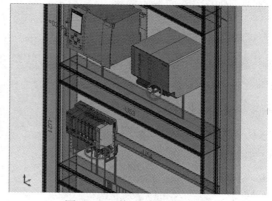

图 17-19　修正后的布线效果

4）非线槽布线路径规划设计。线槽是常用的布线路由之一，但实际上有些布线情况并不使用线槽，如在门上安装的按钮、指示灯以及数字多功能电能表，这些设备在门后的接线并不使用线槽对导线进行整理和归集，但为了能够对非线槽进行布线，可以选择【插入】→【布线帮助】→【布线路径】命令进行非线槽的布线路由设计，并通过该命令设计出合理的走线路由，【布线路径】命令如图 17-20 所示。

图 17-20　【布线路径】命令

如果没有合理的连接路径，柜门上安装的设备就无法完成布线，这会形成空中飞线，使得人们无法计算合理的导线长度，如图 17-21 所示。

图 17-21　空中飞线

在【布局空间】导航器中选择【门内侧】安装面，右击，在弹出的快捷菜单中选择【直接激活】命令，激活该安装面，选择【插入】→【布线帮助】→【布线路径】命令，在门内侧安装面上绘制一个布线路径，如图 17-22 所示。

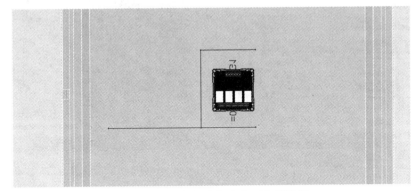

图 17-22　绘制门内侧安装面布线路径

该路径可根据工程师的设计经验来处理，由于要考虑侧面安装梁上的布线路径，因此无须急于绘制整个布线路径，可以分步来绘制。

在【布局空间】导航器中选择需要放置布线路径的安装梁，右击，在弹出的快捷菜单中选择【转到（图形）】命令，显示出侧面安装梁，在安装梁的内侧绘制合适的布线路径，如图 17-23 所示。

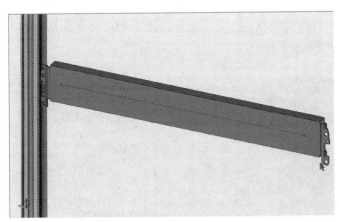

图 17-23　绘制安装梁上布线路径

这样，门内侧的布线路径、侧梁的布线路径和安装板线槽分段路径就绘制完毕了，在【布局空间】导航器中，利用 EPLAN Pro Panel 的筛选器可将分段路径过滤显示出来，如图 17-24 所示。

图 17-24　布线路径筛选器创建

选择【插入】→【布线帮助】→【布线路径】命令，来连接分段路由。在连接过程中，可按〈Shift+"<"〉组合快捷键来正交走线路径的方向，以免路径偏离，如图 17-25 所示。

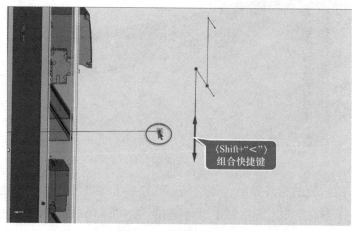

图 17-25　布线路径连接

为了保证高度的一致，在绘制过程中可以用鼠标选择高度参考点，按〈Space〉键进行位置确认，将门内侧的布线路径同侧梁的布线路径进行连通，如图 17-26 所示。

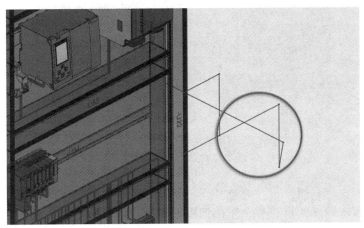

图 17-26   连通布线路径

选择【视图】→【3D 视角】→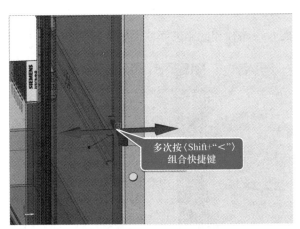【3D 视角右视图】命令，将视角切换到右视图，将侧梁的布线路径同线槽进行路径连通。在右视图下选择侧梁的布线路径的合适位置作为布线路径起点，按〈Shift+"<"〉组合快捷键，将路径方向切换为正交 X/Y 面移动，确保起点和终点在同一高度，完成侧梁的布线路径同线槽的连通，如图 17-27 所示。

图 17-27   侧梁的布线路径同线槽的连通

多余的布线路径可以删除，让整个布线路径更整洁清晰，如图 17-28 所示。

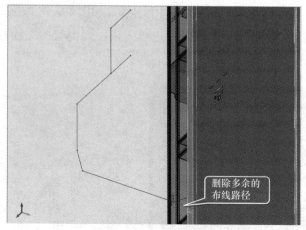

图 17-28 删除多余的布线路径

完成整个布线路径后，会发现路径都是直线，但实际上侧梁的布线路径和门内侧的布线路径的连接有一定的曲度，这样在门打开时才能确保捆扎的导线不被拉断或影响门的打开。选择【插入】→【布线帮助】→【曲线】命令，可以绘制曲线形式的布线路径，如图 17-29 所示。

图 17-29 【曲线】命令

修改门内侧的布线路径和侧梁的布线路径连接为曲线，如图 17-30 所示。

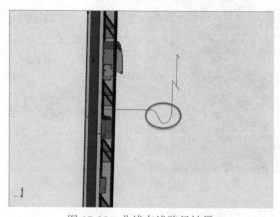

图 17-30 曲线布线路径结果

完成整体布线路径连接后，重新执行【布线】命令，柜门设备和安装板设备间将按自定义的布线路径进行布线，如图 17-31 所示。

以上设计情景为标准电气控制柜的布线设计，通过定义放置线槽与布线路径的安装面，规划放置线槽与布线路径，这些布线路径围绕已放置设备，确保设备可按规划的路径进行布线。这种布线设计是一种比较普遍传统的设计方式。

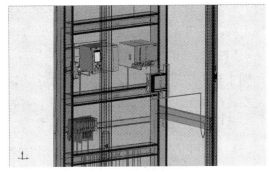

图 17-31　布线结果

17.3　模块化安装板布线设计

在实际布线设计中，对于柜内布线还有一种设计方式。这种设计方式以模块化安装板的形式为元件提供安装面，但布线时既无线槽也无布线路径，而是在一定的布线范围内布线。导线在设备元件出线端井然有序，但在模块化安装板背后的布线自由随意，这种布线方式以德国吕策集团（Luetze Group）的 AirSTREAM 布线系统为典型代表，这是一种提供全新设计理念的柜内布线集成产品，其结构灵活，布线维修方便，可直接而快速地从模块化安装板前面走线，现场接线操作也更加方便，如图 17-32 所示。

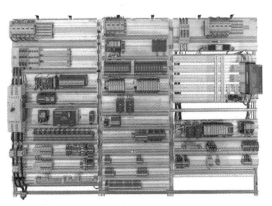

图 17-32　模块化安装板布线系统

这种模块化安装板相对于传统的安装板而言提高了安装板的利用率，由于无线槽布线减少了热量聚集，因此不再存在局部热点的形成，该布线方式设计的极具特色，模块化安装板背后的真实布线如图 17-33 所示。

这种创新型布线设计方式正在被越来越多的用户使用，特别是汽车工厂中环境恶劣的电控场所，因为需要良好的散热效果。从图 17-33 中也可以看到，尽

管前端出线比较规整，板后的走线却比较散乱，因为此设计下设计者不必特别
关注导线的精准长度，只需要满足一定范围内的长度即
可，布线也只需要放置在线架上，无须像线槽一样规矩
地走线，这样做的目的是确保有良好的散热性。

EPLAN Pro Panel 为了适应这种需求，设计了【布线
范围】和【过线切口】这两个命令来帮助用户实现模块
化安装板和无线槽布线的设计，如图 17-34 所示。

模块化安装板布线设计的过程如下：

1）模块化安装板的放置。在 EPLAN Pro Panel 的
【布局空间】导航器中右击，在弹出的快捷菜单中选择
【直接激活】命令激活要安装模块化安装板的立梁，通过
【插入中心】，搜索出模块化安装板的安装支架，拖放安
装在所需位置上，如图 17-35 所示。

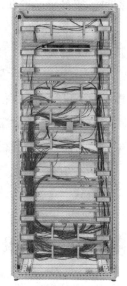

图 17-33　模块化安装板
背后的真实布线

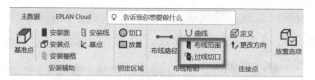

图 17-34　【布线范围】和【过线切口】命令

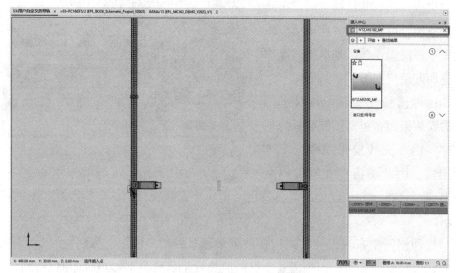

图 17-35　模块化安装板的安装支架

选择【插入】→【设备】→⊞【用户自定义的导轨】命令，放置预定义的模块化安装板部件，如图 17-36 所示。

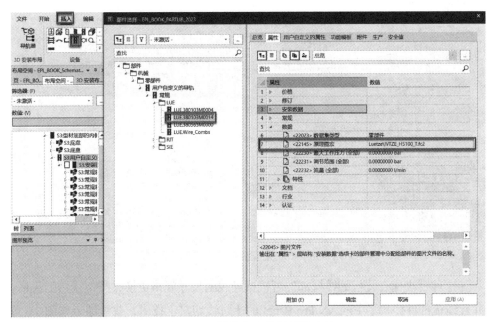

图 17-36　模块化安装板部件选择

模块化安装板放置结果如图 17-37 所示。

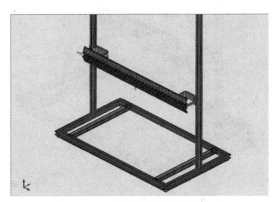

图 17-37　模块化安装板放置结果

2）模块化安装板的线梳部件的放置。选择【插入】→【设备】→⊞【用户自定义的导轨】命令，放置模块化安装板的线梳部件，如图 17-38 所示。

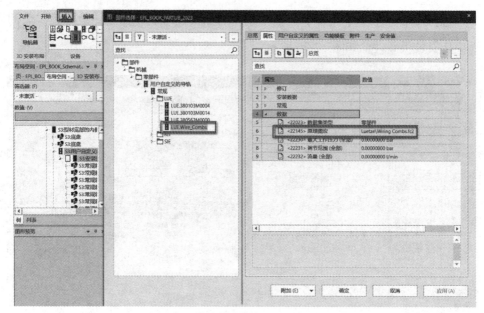

图 17-38　模块化安装板的线梳部件选择

　　这种模块化安装板的线梳部件可根据导线的尺寸规格更换，类似线槽的规格，并且线梳部件使用了 EPLAN Pro Panel 的【过线切口】技术，放置结果如图 17-39 所示。

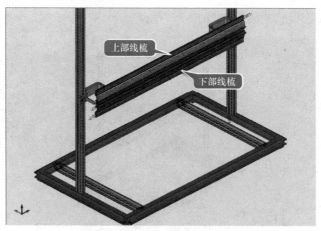

图 17-39　线梳部件的放置结果

　　3）多重复制放置模块化安装板。由于要使用多个模块化安装板，可以使用【编辑】→【多重复制】命令复制多个模块化安装板，复制放置结果如图 17-40 所示。

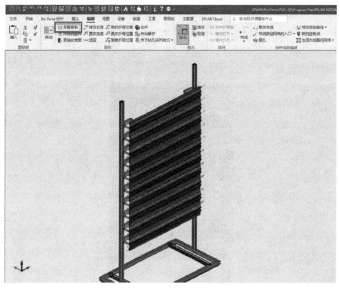

图 17-40　多重复制放置模块化安装板

4）模块化安装板设备元件的放置。在 EPLAN Pro Panel 的【3D 安装布局】导航器中，拖放设计的设备元件到模块化安装板上，该过程可参考第 16 章内容，放置结果如图 17-41 所示。

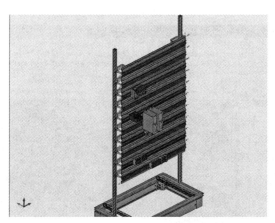

图 17-41　放置设备元件

5）模块化安装板背面布线范围定义。设备元件放置完成后，选择【视图】→【3D 视角】→【3D 视角后视图】命令，将视角切换到后视图，选择【插入】→【布线帮助】→【布线范围】命令，在整个模块化安装板背面绘制一个区域，用于定义布线范围，如图 17-42 所示。

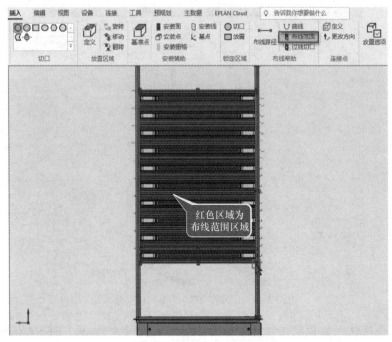

图 17-42 定义布线范围

6）模块化安装板布线。选择【编辑】→【待布线的连接】→【布线】命令，对整个模块化安装板进行布线，布线结果如图 17-43 所示。

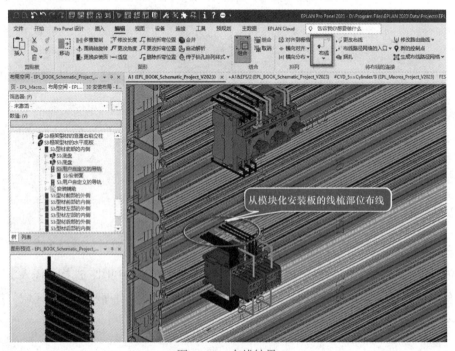

图 17-43 布线结果

　　导线会根据布线范围以及安装的线梳（过线切口）自动进行最短的长度估算，从元件进线梳的进线非常有序清晰，但背面布线却不受过多约束，仅采用了最短的导线估算。背面的布线效果如图 17-44 所示。

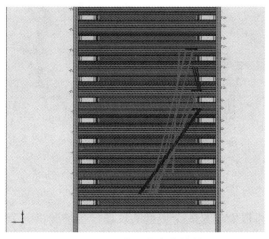

图 17-44　背面的布线效果

> 提示：
>
> 　　本节向读者介绍了 EPLAN Pro Panel 柜内布线的一种特殊情况以及处理方式，所举例子也为电控柜为主，实际上的柜体布线是复杂的，如电力系统配电柜的布线。

　　EPLAN Pro Panel 和 EPLAN Harness proD 两款软件平台可为用户提供不同的布线解决方案。用户可以根据自身的设计工况选择相应的解决方案，由于篇幅有限，这里无法详细解释操作步骤，关于操作细节可参加 EPLAN 官方培训或参考 EPLAN 的在线帮助系统。

17.4　现场设备布线设计

　　从 EPLAN Pro Panel 产品研发角度来看，大多数应用情景还是面向箱柜布线的，但如果在 3D 数据准备充分的情况下，EPLAN Pro Panel 也可以进行现场设备的布线处理，用来评估现场设备到接线箱的电缆连接长度，但工厂级的布线就不推荐了，因为 3D 数据处理量比较大，设计过程投入产出绩效比不高。

现场设备的布线应用情况，列举一个示例如图 17-45 所示。

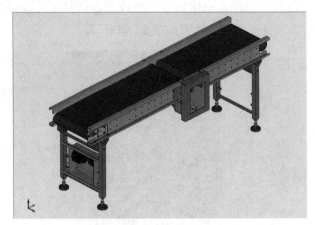

图 17-45　现场设备示例

从图 17-45 中可以看出是一个典型的现场设备情况，一个电控柜用来进行供电设备及控制设备的安装，而电动机作为外部安装设备安装在现场设备结构上，两者间通过一根电缆来进行连接，可能需要评估电缆的长度。

在 EPLAN Pro Panel 中的【布局空间】导航器中，选择【文件】→【导入】→【布线空间】→【STEP】命令，导入 MCAD 输出的 STEP 格式的 3D 模型，如图 17-46 所示。

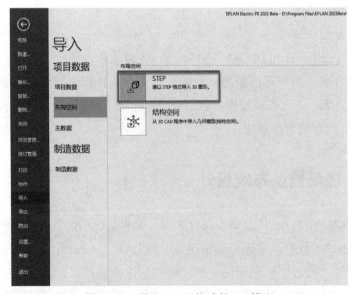

图 17-46　导入 STEP 格式的 3D 模型

导入的 3D 模型可能不是所期望的水平或者垂直装配方向，可以选择【插入】→【放置区域】→【定义】命令来调整导入的 3D 模型的竖直装配方向，也可以使用【旋转】命令来调整 3D 模型的水平装配角度，推荐适合【东南等轴】或【西南等轴】装配视角，如图 17-47 所示。

图 17-47　定义放置区域

导入后的 3D 模型通过上述相应的命令进行调整后，将以一个适合布线的角度显示在布局空间编辑器中，如图 17-48 所示。

选择【插入】→【安装辅助】→【安装面】和【安装点】命令，来定义电控柜、驱动电动机、走线路由及电缆夹的安装面和安装点，结果如图 17-49 所示。

图 17-48　适合布线的角度

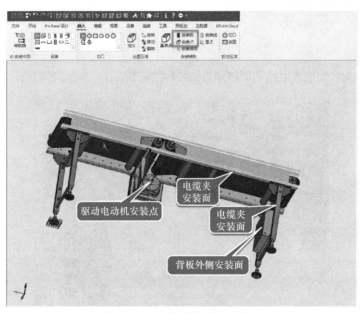

图 17-49　定义安装面和安装点

根据原理图，放置相关的电气元件和端子以及电动机，该过程可参考第 16
章，放置结果如图 17-50 所示。

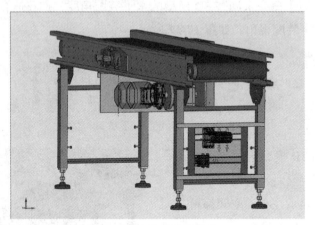

图 17-50   电气设备放置

在 EPLAN Pro Panel 中可以对电缆夹进行放置设计，选择【插入】→【设
备】→ ♡【插入电缆 / 软管夹】命令即可，如图 17-51 所示。

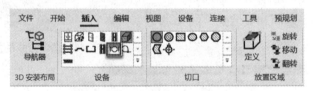

图 17-51   【插入电缆 / 软管夹】命令

通过该命令，插入电缆夹部件到机械结构的安装面上，放置结果如图 17-52 所示。

图 17-52   电缆夹放置结果

电缆夹的部件宏可以预定义布线路径，这样比较利于布线。选择【插入】→【布线帮助】→【布线路径】和【曲线】命令创建电控柜到驱动电动机间的布线路径，结果如图 17-53 所示。

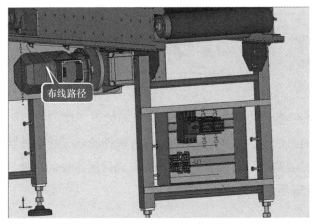

图 17-53　布线路径绘制

连接完成所有的布线路径后，选择【编辑】→【待布线的连接】→【布线】→【自由布线】命令，对驱动电动机进行自由布线，电动机的电缆连接以自由布线的形式显示在布局空间中，如图 17-54 所示。

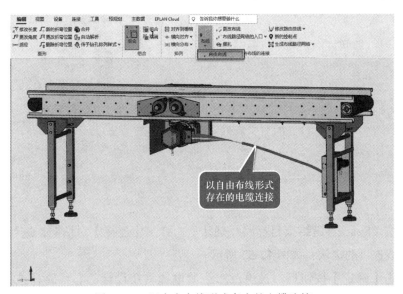

图 17-54　以自由布线形式存在的电缆连接

自由布线产生的电缆并不会按预定的布线路径进行布线，需要手工对自由布线的电缆进行布线更改，选择【编辑】→【待布线的连接】→【更改布线】命令来完成布线更改，如图 17-55 所示。

图 17-55 【更改布线】命令

当开启该命令后，所有的布线都会显示布线点，该点以白色立方体方式显示，选择电缆的布线点，按〈Space〉键进行选择确认，接着按状态栏提示依次选择所需要经过的路径，再按〈Space〉键完成目标路径的选择确认，更改布线的过程如图 17-56 所示。

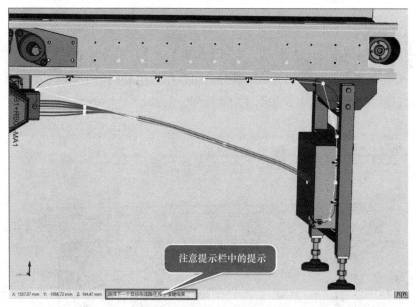

图 17-56 更改布线的过程

在按〈Space〉键结束目标路径确认后，弹出【连接】对话框，进行路径中更改布线连接的确认，如图 17-57 所示。

单击【确定】按钮后，被更改布线的电缆将按设计的布线路径进行布线，更改布线后的结果如图 17-58 所示。

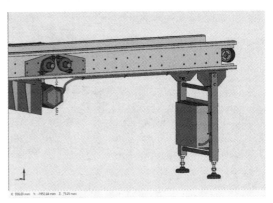

图 17-57　【连接】对话框

图 17-58　更改布线后的结果

在布局空间编辑器中，右击驱动电动机，在弹出的快捷菜单中选择【转到（配对物）】命令，可跳转到多线原理接线图中，如图 17-59 所示。

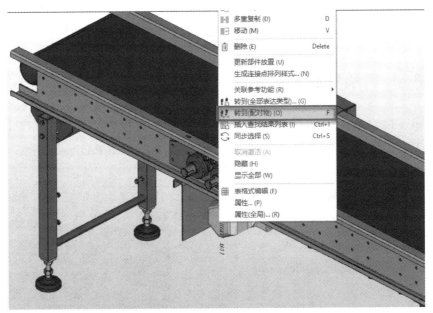

图 17-59　【转到（配对物）】命令

在多线原理接线图中，EPLAN Pro Panel 的 3D 布线功能评估计算的电缆长度，将自动写入电缆长度属性信息中并显示出来，如图 17-60 所示。

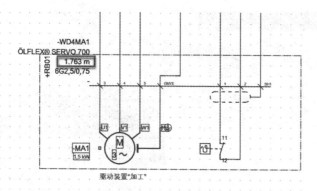

图 17-60　多线原理接线图中的电缆长度属性信息

 提示：

EPLAN Pro Panel 可以实现柜间和柜外设备的电缆布线，以评估电缆的长度，该过程稍显复杂，但实际设计情景确实如此，因为现场布线具有一定的复杂性，路由规划和设备走哪些路由都在设计范围内，用户需要根据自身情况来决定是否需要进行现场布线并考虑绩效比，不能为了布线而布线。

17.5　气动设备布管设计

如果 EPLAN Fluid 用户想对气管或液压硬管的连接进行 3D 虚拟布管设计，以便获取气管或液压硬管的长度评估，也可以使用 EPLAN Pro Panel 完成，整个设计过程和电气布线设计相类似，这里不再赘述，只列举三个应用场景示例供读者参考：

（1）气控单元箱 1

此为布线布管设计，如图 17-61 所示。

该箱的布管布线使用了 EPLAN Pro Panel 中的【自由布线】命令来简单评估气管的长度，以便采购预估，如图 17-62 所示。

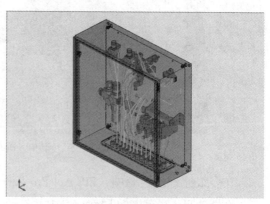

图 17-61　气路自由布管示例

图 17-62 使用【自由布线】命令完成布管设计

（2）气控单元箱 2

此为布线布管设计，如图 17-63 所示。

该箱为气控阀岛控制箱，将气源处理、阀岛电控、阀岛气控以及阀岛气路接口进行了详细的设计，并将气路和电路的导线和气管进行了精准的布线设计，该设计使用了 EPLAN Pro Panel 的【布线】命令，如图 17-64 所示。

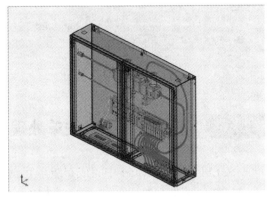

图 17-63 气管和电气连接布线示例

图 17-64 使用【布线】命令完成布管设计

（3）液压站

此为布管设计，如图 17-65 所示。

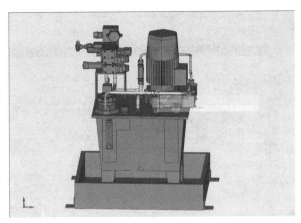

图 17-65 液压站硬管布线示例

液压系统和气控系统不同，其管路连接为硬管连接，在 EPLAN Pro Panel 中可使用【自由布线】和【布线】命令组合进行布管设计。

选择【编辑】→【图形】→【新的折弯位置】和【更改折弯位置】命令来设计硬管折弯位置和调整液压硬管布管位置，如图 17-66 所示。

图 17-66   硬管布线调整命令

17.6   布线布管工艺表单处理

在 EPLAN Pro Panel 中完成布线布管设计后，导线长度、电缆长度、软管长度和硬管长度都已经评估计算出来并写入对应的连接对象中，可以生成相应的工艺表单，为生产工艺人员提供连接信息表。

在 EPLAN Pro Panel 中，选择【工具】→【报表】→【生成】命令，报表类型为【连接列表】，生成过程中建议使用 EPLAN 报表生成中的【模板】选项，可以使用其【筛选器设置】项，对电气、气动和液压布线布管进行专业区分，便于工艺人员进行分类，也可以按安装位置进行筛选，如图 17-67 所示。

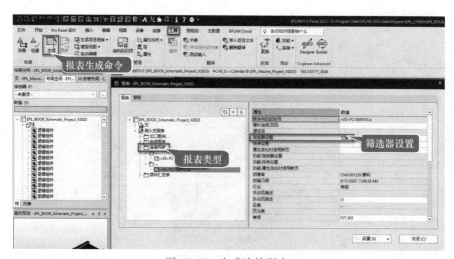

图 17-67   生成连接列表

生成的工艺连接列表表单如图 17-68 所示。

接线材料表

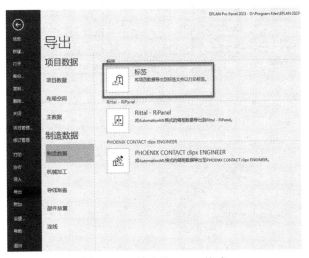

图 17-68 工艺连接列表表单

在 EPLAN Pro Panel 中选择【文件】→【导出】→【制造数据】→【标签】命令，可以将工艺连接列表数据输出为 Excel 格式，命令界面如图 17-69 所示。

图 17-69 输出为 Excel 格式

生成的 Excel 格式的工艺连接列表表单如图 17-70 所示。

 提示：

工艺表单的输出过程是 EPLAN 平台软件的基本操作。本节不做具体操作说明，如果读者想了解更多的操作细节可参考 EPLAN 在线帮助系统。

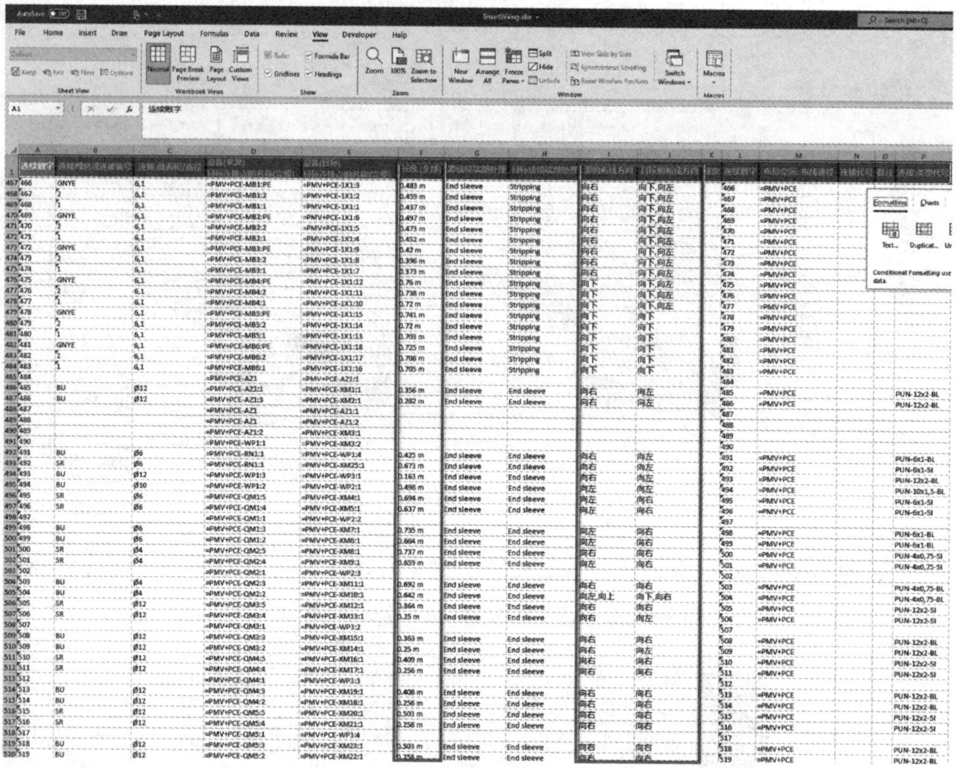

图 17-70　生成的 Excel 格式的工艺连接列表表单

第 4 部分　智能制造篇

第 18 章
箱柜智能制造解决方案

EPLAN Pro Panel 在 EPLAN 工程方案中扮演着承前启后的角色，承前是指承接 EPLAN Electric P8 和 EPLAN Fluid 的 2D 设计数据，启后是指 EPLAN Pro Panel 还要为企业的箱柜智能制造提供工艺加工设计数据，构建企业从设计到生产的全价值链数字化解决方案。本章的编写目标是让读者了解 EPLAN 同 RITTAL 的 RAS 设备间的数据传递过程，读者可通过相关的描述和视频了解到 EPLAN Pro Panel 绝对不只是一个简单的设计工具，EPLAN Pro Panel 将在企业的数字化和箱柜智能制造中扮演重要的角色。

18.1 工业 4.0 简介

18.1.1 工业 4.0 概述

继机械化、电气化和信息技术三次工业革命后，德国制造业将基于物联网及智能化生产的产业变革称为工业 4.0。

在工业 4.0 概念的产业变革中，将有可能把个人、客户和产品的独特特性融入设计、配置、订购、计划、生产、运营和回收阶段。它甚至可以在制造和运营之前最后一分钟或进行中提出改变的请求，这将使生产一件定制产品和小批量产品也能产生利润。

中华人民共和国国务院在 2015 年发布了《中国制造 2025》白皮书，这是我国实施制造强国战略的第一个十年的行动纲领。工业 4.0 中的智能化生产，将实现白皮书行动纲领中的工业化与信息化融合，现有的工业设计和制造将借着信息融合与物联网普及的东风迎来第四次工业革命。

18.1.2 国内应用概况

工业自动化领域以自动化流水线、供配电箱柜、控制柜、驱动柜和通信柜的设计与制造为主。当前国内大型企业都在逐步进行箱柜的数字化设计与制造，以达到高质量、短周期的供货目的；中小型企业仍以传统手工制造为主，但箱柜生产的部分环节亦在逐步进行数字化改造。

视频 18-1：威图 RAS 工业 4.0 介绍

18.2 箱柜制造数据概览

EPLAN Pro Panel 是连接设计与箱柜制造的桥梁，通过 3D 仿真布局设计可将工程师的设计意图转化为数字样柜，最终以制造数据驱动数字化的箱柜制造。

与 EPLAN 平台的其他模块相同，EPLAN Pro Panel 亦可输出多种不同类型的制造数据，以对接不同的生产场景和数控设备。

（1）图形报表类

图形报表类型以嵌入的图形视图、报表和页式的报表为主。图形报表适用于人工生产过程，如手工钻孔、元件装配、调试检测和维护检修等。

（2）制造数据类

制造数据将 EPLAN Pro Panel 的数字样柜重新组织，以不同格式和内容输出为 .xml、.txt、.DXF/.DWG 等数据文件，用于为数控机床提供生产数据。

本章将逐一介绍整个箱柜制造流程中可能相关的报表类型，以及不同场景下的解决方案。

18.3 箱柜制造与选型

箱柜生产一般由流水生产线完成，流程一般为钢板下料→冲孔→折弯→焊接→喷砂→喷漆/喷塑→烘烤→总装。由于环保标准越来越高且产量小，箱柜生产无法形成规模化优势，质量也难以把控，因此越来越多的自动化集成商采用购买标准箱柜，再对箱柜进行钻孔加工、元件装配和导线连接的生产模式。

德国威图（Rittal）公司是箱柜体技术和系统供应商，产品涵盖小型箱柜、紧装式箱柜到模块化箱柜系统的完整产品线。作为同属于 Loh 集团的姊妹公司EPLAN，EPLAN Pro Panel 的云产品 Data Portal 提供了在线部件库，其中包含威图完整产品线的部件数据，如图 18-1 所示。

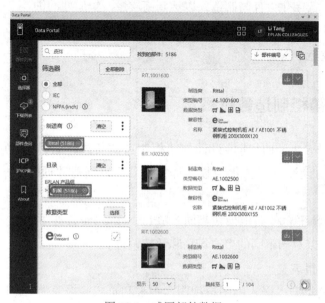

图 18-1　威图部件数据

18.4　箱柜开孔 / 钻孔

　　钻孔是箱柜制造的第一个环节，因为一些元件需要在箱柜门板、安装板等相应位置钻孔安装。传统安装方式为手电钻钻孔或液压开孔器开孔；现代生产方式为数控激光钻孔或使用数控铣床等智能加工机床进行自动钻孔与切口加工，如图 18-2 所示。

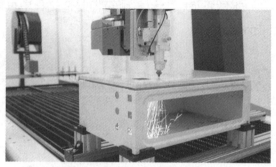

图 18-2　箱柜开孔

1. Perforex 系列数控机床加工

如果正在使用 Rittal Perforex BC 机械加工系列数控机床，或 Rittal Perforex LC 激光加工系列数控机床，EPLAN Pro Panel 可直接导出数控加工所需要的 NC 指令文件。

选择【文件】→【导出】→【机械加工】→【Rittal-Perforex BC】或【Rittal-Perforex LC】命令，导出的文件可直接复制到对应的威图数控机床中用于钻孔加工，如图 18-3 所示。

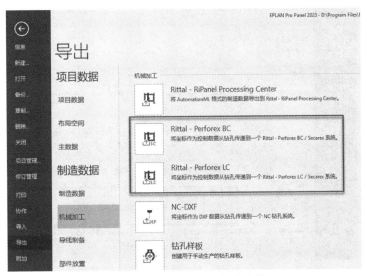

图 18-3　直接导出 NC 指令文件

视频 18-2：威图 RAS-Perforex BC 介绍　　　视频 18-3：威图 RAS-Perforex LC 介绍

 提示：

导出过程中，可能根据生产工艺的需求调整相关的导出参数，相关内容请参考 Perforex 数控机床使用手册或向威图公司寻求技术支持。该菜单在导出钻孔加工数据的同时，将会一同输出导轨线槽剪切数据，用于 Secarex 剪切中心的导轨线槽加工。

2. 通用数控机床应用

如果正在使用其他品牌的数控加工机床，则可导出通用的 DXF/DWG 文件实现数控加工。

选择【文件】→【导出】→【机械加工】→【NC-DXF】命令，导出的文件可直接复制到数控机床加工中心用于钻孔加工。通过机床自带的 CAM 软件，可将 DXF/DWG 文件中的加工图形图例识别并生成为数控机床所需的 NC 指令，如图 18-4 所示。

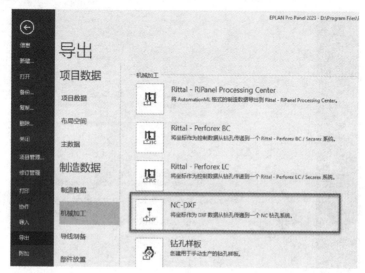

图 18-4　NC-DXF 输出

业界常见的箱柜面板数控加工，通常采用数控激光切割机床，EPLAN Pro Panel 可以自定义特定的线条图层名称，以适应不同数控机床配套的 CAM 软件的需求。

操作步骤如下，其中钻孔和轮廓线都要按 CAM 软件的需求单独设定。层名称设置的详细要求，请咨询数控机床厂商，也可以向 EPLAN 公司寻求定制的咨询服务。

1）打开设置窗口，对 DXF 输出路径进行设置，如图 18-5 所示。

图 18-5　DXF 输出路径设置

2）设置加工图层的名称和颜色，如图 18-6 所示。

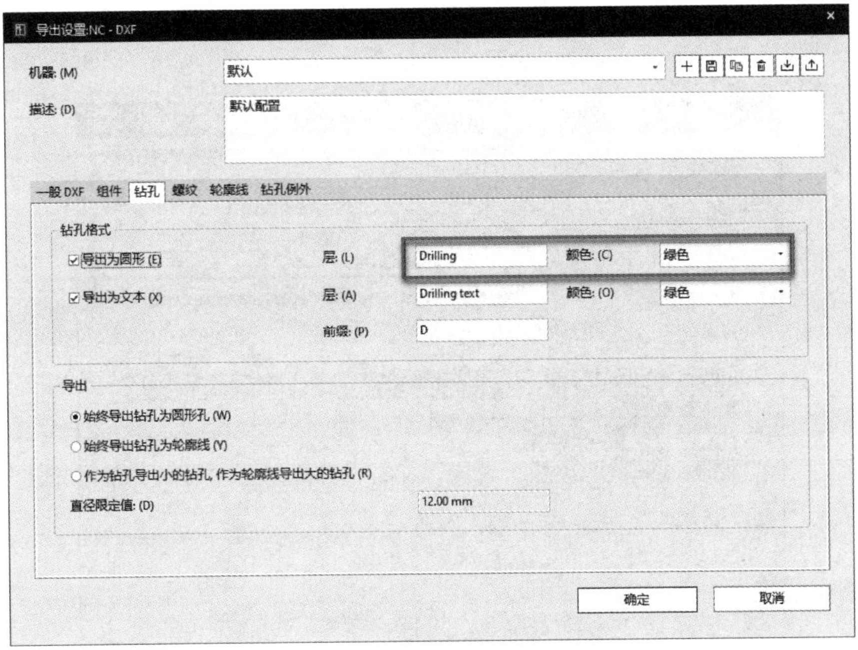

图 18-6 DXF 输出设置

3. 手动制作加工文件

报表类型为切口图例 / 钻孔模型视图，用于指导工人手动加工箱柜表面少量的钻孔。切口图例生成方法如下：

1）在【页】导航器中右击所选择项目，在弹出的快捷菜单中选择【新建】命令，如图 18-7 所示。

图 18-7 新建项目

在随后弹出的【新建页】对话框中指定页名，页类型选择【<40> 模型视图（交互式)】，填写页描述，如图 18-8 所示。

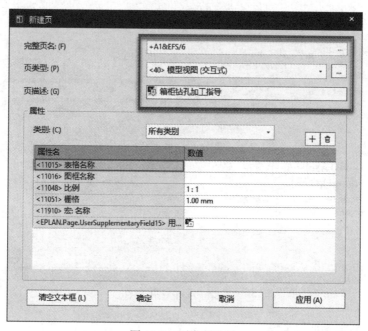

图 18-8 页类型选择

> 提示：
>
> 页结构须符合 IEC 结构和命名规范，应使用英文字母、数字和下画线。页名建议以数字作为独立主页名，如果存在子页，则建议以"数字"+"."+"字母"组合作为子页名。

2）在新建的空白页中，选择【插入】→【视图】→【2D 钻孔视图】命令，如图 18-9 所示。

图 18-9 【2D 钻孔视图】命令

3）使用该命令在空白页中绘制一个矩形，如图 18-10 所示。

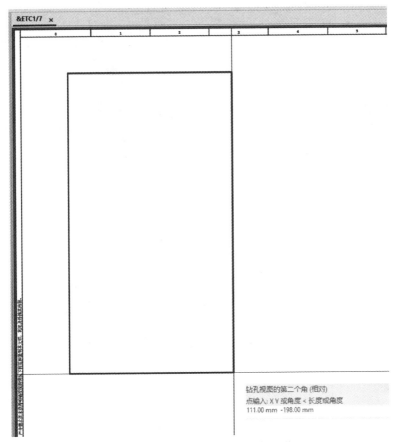

图 18-10　在空白页中绘制一个矩形

4）在随后弹出的【钻孔视图】对话框中，分别设置视图名称，选择需要的布局空间以及指定需要显示钻孔的 3D 对象。

为方便手工钻孔工作，此界面中的比例设置应修改为【手动】，比例修改为【1 : 1】，如图 18-11 所示。

通常箱柜高度为 1~2m，此处应使用相同尺寸的图框，以放置和显示钻孔视图。2D 钻孔视图的效果（局部）如图 18-12 所示。

5）选择【文件】→【导出】→【项目数据】→【DXF/DWG】或【图片文件】命令导出文件，如图 18-13 所示。

导出后的文件，可通过 1 : 1 投影在箱柜面板上定位以辅助钻孔，也可以使用专业喷绘设备，将钻孔图形以 1 : 1 喷绘到面板上，进行手动钻孔。

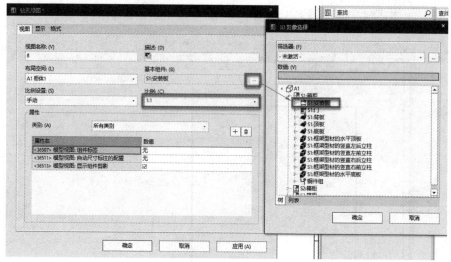

图 18-11 组件选择

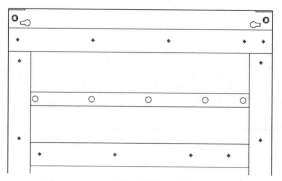

图 18-12 2D 钻孔视图的效果（局部）

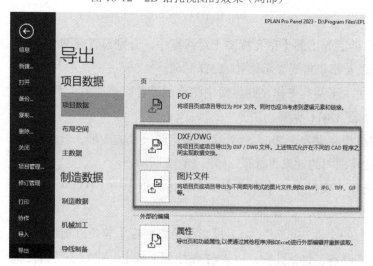

图 18-13 导出文件

提示：

　　如果要自动生成钻孔相关数据，应对需要钻孔安装的元件添加钻孔排列样式的数据。如果使用了自定义的箱柜部件，在定义箱柜面板时，必须对外侧安装面进行区域大小定义。

18.5　铜排加工

　　在大功率配电箱柜中，通常使用折弯的铜排连接，又称母线连接。各种不同规格的铜排，需要经过裁切、下料、折弯和冲孔等不同的工艺与流程才能完成生产制备。威图 CW 系列铜排加工中心专为铜排折弯、冲孔和裁切设计，如图 18-14 所示。

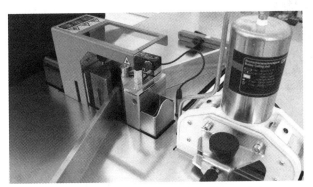

图 18-14　铜排折弯设备

　　（1）自动加工数据文件

　　选择【文件】→【导出】→【机械加工】→【NC- 铜件】或【DXF- 铜件】命令，即可输出铜排加工数据到铜排折弯机 / 冲孔机，如图 18-15 所示。

　　（2）手动加工数据文件

视频 18-4：威图 RAS-CW120-M 介绍

　　传统生产方式为手工裁切下料、折弯、使用手电钻钻孔或液压设备冲孔，与钻孔视图的生成操作类似，以下是铜排展开图操作步骤：

　　1）在新建的空白页中，选择【插入】→【视图】→【铜件的展开图】命令，如图 18-16 所示。

图 18-15　输出铜排加工数据

图 18-16　【铜件的展开图】命令

2）使用该命令在空白页中绘制一个矩形，如图 18-17 所示。

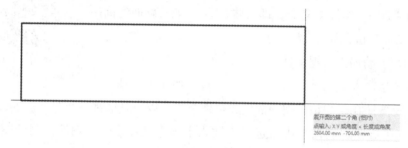

图 18-17　在空白页中绘制一个矩形

3）在随后弹出的【展开图】对话框中设置【视图名称】，选择需要的【布局空间】，指定需要显示铜件的 3D 对象【基本组件】，如图 18-18 所示。

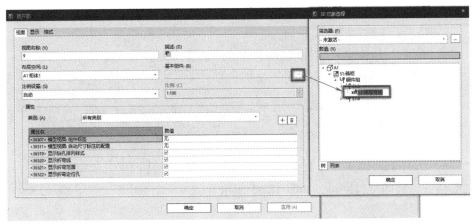

图 18-18　【展开图】对话框

手动加工铜排时使用自动比例设置即可，无须使用 1∶1 出图。

4）选定输出铜件后，还可以使用自动尺寸标注功能，为铜排展开图自动添加尺寸标注，如图 18-19 所示。

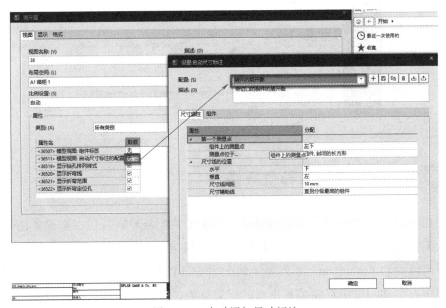

图 18-19　自动添加尺寸标注

5）最终铜排展开图生成效果如图 18-20 所示。

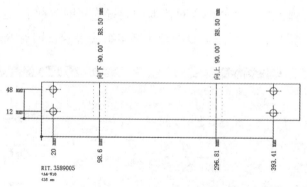

图 18-20 铜排展开图生成效果

6）选择【文件】→【导出】→【项目数据】→【PDF】命令将文件导出 PDF 格式，打印交付即可，如图 18-21 所示。

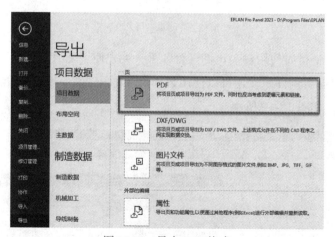

图 18-21 导出 PDF 格式

18.6 端子装配与导轨裁切

在电控柜、驱动柜等类型的箱柜中，端子装配与导轨裁切占据很大比例的生产工作量。EPLAN Pro Panel 可以将 3D 布局空间中的端子装配和导轨长度信息导出以驱动 Rittal Athex 系列端子装配中心进行自动装配生产。加工过程中，装配中心自动测量由存储装置进料的安装导轨，并自动剪切，在剪切完的安装导轨下方用雕刻针进行标记，以便按照不同的订单或项目进行挑选。同时，拣取系统将接线端子直接固定在端子排上，并在定位之前用激光标记系统进行标记，如图 18-22 所示。

图 18-22 端子装配

视频 18-5：威图 RAS-Athex 介绍

（1）端子装配加工数据文件生成

选择【文件】→【导出】→【部件放置】→【Rittal-Athex】命令进入【导出】对话框，完成导出，将生成的文件导入 Rittal-Athex 设备，即可开始自动端子装配，如图 18-23 所示。

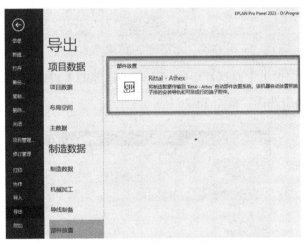

图 18-23 自动端子装配设置

（2）端子手动装配报表

EPLAN Pro Panel 同时可自动生成手动装配所需要的报表，报表生成的操作步骤如下：

1）选择【工具】→【报表】→【生成】命令，进入报表生成界面，如图 18-24 所示。

图 18-24 【生成】命令

2）在【报表】对话框中选择【模板】选项卡，单击＋按钮，创建一个新的报表模板，如图 18-25 所示。

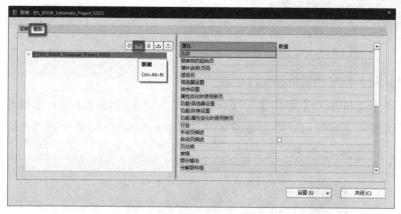

图 18-25 创建一个新的报表模板

3）在【确定报表】对话框中选择【端子排列图】报表类型，单击【确定】按钮完成报表类型选择，如图 18-26 所示。

图 18-26 【端子排列图】报表类型

4）在【设置 - 端子排列图】对话框中定义报表的筛选规则和排序规则，单击【确定】按钮完成设置，如图 18-27 所示。

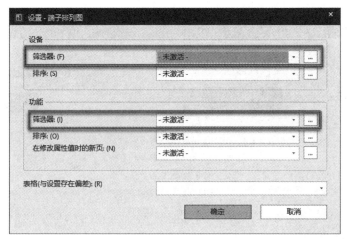

图 18-27　筛选器设置

5）在【端子排列图（总计）】对话框中定义报表页的页结构和起始页名等内容，单击【确定】按钮完成定义，如图 18-28 所示。

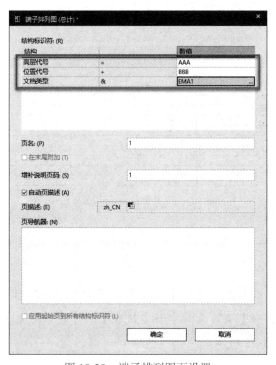

图 18-28　端子排列图页设置

6）为报表模板指定一个易识别的名称，单击 ⊙【生成报表】按钮，如图 18-29 所示。

图 18-29　为报表模板指定一个易识别的名称

7）在【页】导航器中打开生成的报表页，端子排列图生成效果如图 18-30 所示。

端子排列图

		部件编号			
安装导轨			端子排标签	后终端固定件	端板
				PXC. 3022218	
			端子		
部件编号	类型号	截面积	端子标签	短连接	端子盖
PXC. 3022218	CLIPFIX 35				
PXC. 3036563	ST 4-HESILA 250 (5X20)	6			
PXC. 3036563	ST 4-HESILA 250 (5X20)	6			
PXC. 3036563	ST 4-HESILA 250 (5X20)	6			
PXC. 3212044	D-PT 6				
PXC. 3022218	CLIPFIX 35				

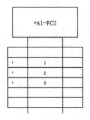

图 18-30　端子排列图生成效果

 提示：

　　为了正确生成报表，选择【文件】选项卡并进入后台视图，选择【设置】→【项目】→【项目名称】→【报表】→【输出为页】中的预定义报表模板，如图 18-31 所示。

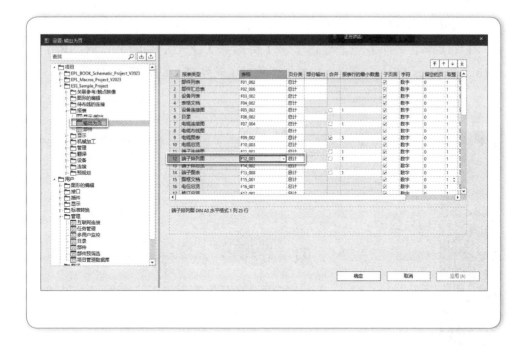

18.7 导轨线槽剪切

除去端子自动装配，威图还提供了半自动的导轨线槽剪切解决方案 Secarex。它能按照设定长度对线槽、线槽盖板和安装导轨进行快速、精确和可靠的剪切加工。其内部集成的标签打印机可提供项目信息标签，用于标识剪切好的线槽和安装导轨，如图 18-32 所示。

图 18-32 导轨线槽剪切

视频 18-6：威图 RAS-Secarex 介绍

以下是导轨线槽剪切数据文件生成的步骤：

1）选择【文件】→【导出】→【机械加工】→【Rittal-Perforex BC】或【Rittal-Perforex LC】命令进入机械加工数据生成界面，如图 18-33 所示。

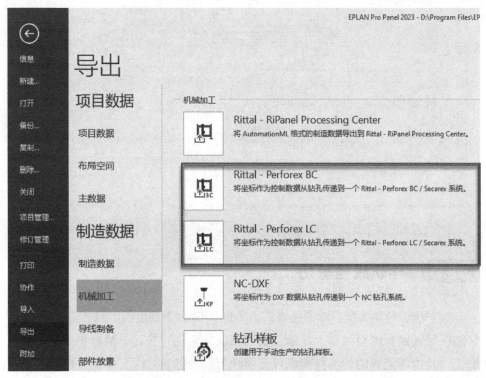

图 18-33　导轨线槽剪切数据交互接口

2）将输出的导轨线槽剪切数据文件复制到加工中心即可。

此外，EPLAN Pro Panel 还支持导轨线槽手动剪切列表的生成。操作方法与生成端子排列图类似，不同之处在于需要选择部件列表类型并添加筛选器，使其仅生成导轨或线槽的部件列表。

以下是报表类型和筛选器的示例，此示例在 ESS_Sample_Project 中也可以查看，如图 18-34 所示。

图 18-34　报表类型和筛选器的示例

18.8　元件装配

元件装配需要元件的布局摆放图形以及箱柜设备清单，用以指导装配工作进行。这有些类似钻孔视图的生成，在模型视图页中，操作步骤如下：

1）选择【插入】→【视图】→【模型视图】命令，在页中绘制模型视图的矩形，然后会弹出【模型视图】对话框，操作命令如图 18-35 所示。

图 18-35　【模型视图】命令

2）类似钻孔视图的生成，在【模型视图】对话框中分别选择【布局空间】和【基本组件】的内容选项，如图 18-36 所示。

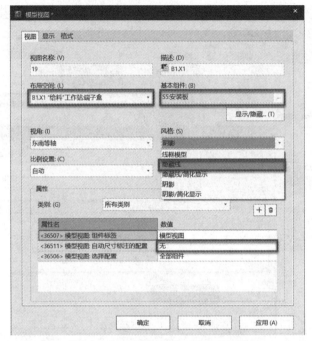

图 18-36 元件装配模型视图设置

3）在模型视图中可以设定不同的显示风格，比如阴影和隐藏线，如图 18-37 和图 18-38 所示。

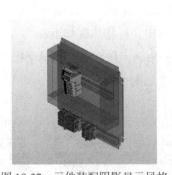

图 18-37 元件装配阴影显示风格

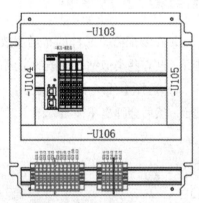

图 18-38 元件装配隐藏线显示风格

此外，在装配过程中，还需要查看当前箱柜的设备清单。箱柜设备清单的生成方法如下：

1）选择【工具】→【报表】→【生成】命令，进入报表生成界面，如图 18-39 所示。

图 18-39　进入报表生成界面

2）在弹出的【报表】对话框中，单击【报表】选项卡中的十按钮，在【确定报表】对话框中选择【箱柜设备清单】报表类型，指定【手动放置】输出形式，并选中【当前页】复选框确定生成范围，如图 18-40 所示。

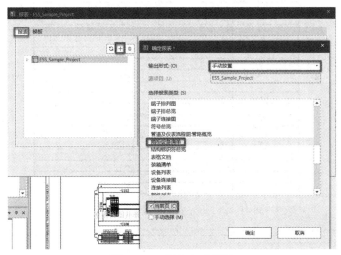

图 18-40　报表生成设置

3）在弹出的【设置-箱柜设备清单】对话框中，选择【表格（与设置存在偏差）】列表项中的【浏览...】命令，再选择表格模板【F18_002.F18】，如图 18-41 所示。

图 18-41　表格模板选择

4）此时即可自动生成箱柜设备清单并附在鼠标上随之移动，选择合适的位置并放置，如图 18-42 所示，最终效果如图 18-43 所示。

箱柜设备清单

行数	设备标识符	类型号
	U103	TS. 8800750
		TS. 8800750
12	U406	TS. 8800750
13	U104	TS. 8800750
14	U107	SZ. 2313160
15	U108	SZ. 2313160
16	KH1	5L PN 8K D16 DO4 2TX-PAC
51	XZ1	CLIPFIX 35
52	XZ1	PT 6
53	XZ1	PT 6
54	XZ1	PT 6
55	XZ1	PT 6
56	XZ1	PT 6-PE
57	XZ1	ADP-ST 6
58	XZ1	PT 6
59	XZ1	PT 6
60	XZ1	PT 6
61	XZ1	PT 6
62	XZ1	PT 6
63	XZ1	PT 6
65	XZ1	D-PT 6
66	XZ1	CLIPFIX 35
67	XD1	CLIPFIX 35
68	XD1	PT 6
69	XD1	PT 6
70	XD1	PT 6-PE
71	XD1	ADP-ST 6

图 18-42　元件装配的箱柜设备清单

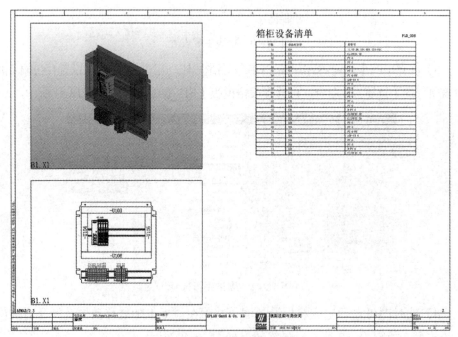

图 18-43　模型视图及报表

18.9 导线制备

导线的制备和接线是箱柜制造工作占比很大的一个环节。在传统生产模式中，导线的制备和接线工作占整个箱柜生产周期的 80% 甚至更高。为提高这个环节的效率，威图提供了 WT 全自动线缆加工中心解决方案。全自动线缆加工中心可精准、高效地完成线缆裁切、剥线、打印标签、压制导线端子和线缆分类这些加工任务。

（1）导线制备数据文件导出

选择【文件】→【导出】→【导线制备】→【Rittal-WireTerminal WT】即可导出导线制备数据文件，如图 18-44 所示。

图 18-44 导出导线制备数据文件

视频 18-7：威图 RAS-WT 介绍

（2）非集成接口导线制备数据文件导出

很多导线加工机械设备尚未完全集成在 EPLAN Pro Panel 软件中，在这种情况下，可通过 EPLAN Pro Panel 的导出标签功能，以 Excel、.txt 或 .xml 格式导出导线制备数据文件，提供给如威图的 C8 系列半自动导线裁切机。

输出过程如下：

选择【文件】→【导出】→【制造数据】→【标签】命令，在弹出的【导出制造数据／输出标签】对话框中的【设置】下拉列表框中选择【RITTAL 定长切割技术 C8+】选项，即可导出 Excel 格式的导线加工文件，如图 18-45 和图 18-46 所示。

图 18-45　非集成接口导线制备数据文件导出

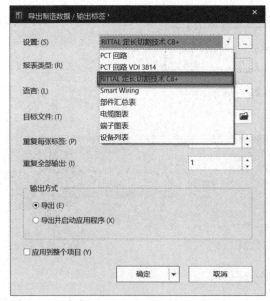

图 18-46　选择设置选项

视频 18-8：威图 RAS-C8+ 介绍

第 19 章

EPLAN Smart Wiring

EPLAN Smart Wiring 是一款令人印象深刻的软件，它的出现将对传统的接线工艺过程产生挑战，也将促进传统接线工艺过程发生变革，能提升接线工艺的专业度和接线的准确度，让接线工艺过程更加智能化。它也是 EPLAN Pro Panel 数字化解决方案终端应用的一部分，读者可以通过本章了解 EPLAN Smart Wiring 的应用过程和主要功能，助力读者构建公司级的数字化实施方案。

19.1 产品简介

EPLAN Smart Wiring 是 EPLAN Pro Panel 平台智能制造产品组的一员，主要用于接线工艺工程应用端，它是一种基于浏览器的应用程序，具有中央 Web 服务器，可部署在现场接线工艺人员手持计算机终端上，使接线工程师不再需要参看纸质图纸或报表即可接线。EPLAN Smart Wiring 也是企业数字化建设的一部分，需要结合 EPLAN Pro Panel 设计一起应用。

EPLAN Smart Wiring 由三部分组成：

（1）EPLAN Smart Wiring Server

EPLAN Smart Wiring Server 用来建立授权访问和管理服务器，定义访问 IP 地址和端口以及服务器的启停，如图 19-1 所示。

（2）EPLAN Smart Wiring Application

EPLAN Smart Wiring Application 为盘柜制造商提供数字化形式的项目接线

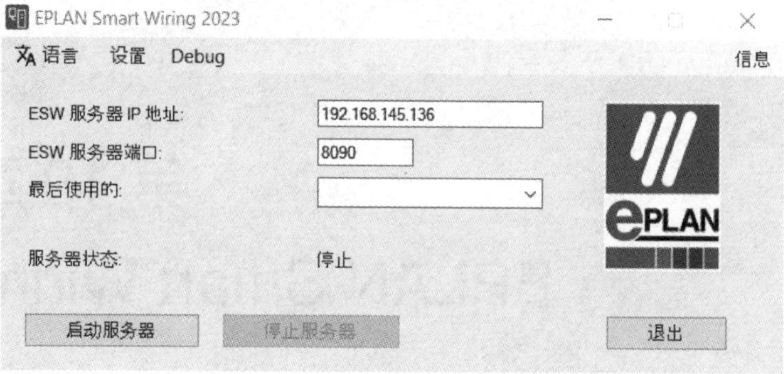

图 19-1　EPLAN Smart Wiring Server

信息，该软件可以将箱柜内的从源到目标的每个待接线的连接及布线途径可视化为 3D 图形。用户可决定是想单独接线还是以所确定的顺序来进行待接线的连接，并且能以 3D 数字化接线信息为参考，在箱柜内的元件之间敷设和连接实际的导线，然后在 EPLAN Smart Wiring Application 中确认连线的状态，进行接线状态管理，如果在接线期间出现比较明显的特殊情况，可以在 EPLAN Smart Wiring Application 中通过电子邮件告知生产、工艺准备或电气设计的同事，进行数字化信息沟通，其参考界面如图 19-2 所示。

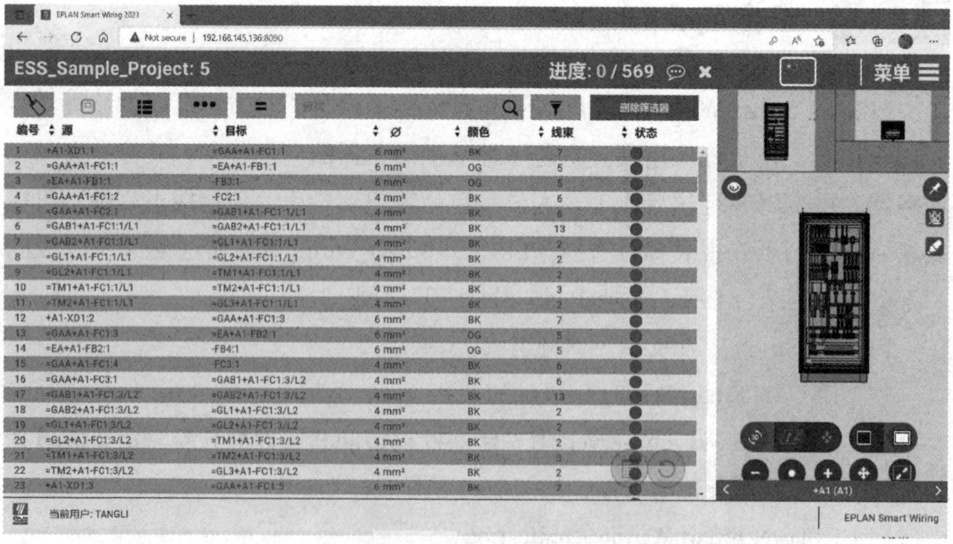

图 19-2　EPLAN Smart Wiring Application 参考界面

（3）EPLAN Smart Wiring Monitor

为了实现质量控制和质量优化的目标，借助 EPLAN Smart Wiring Monitor 可以访问生产中的 EPLAN Smart Wiring 项目的当前数据，以概览项目状态和生产进度。在使用 EPLAN Smart Wiring Monitor 对项目相关接线数据状态进行收集、存储和处理后，这些数据可以与客户的其他系统和数据配合使用，也可以独立于 EPLAN Smart Wiring Monitor 使用，以形成个体数据及状态相关数据，其参考界面如图 19-3 所示。

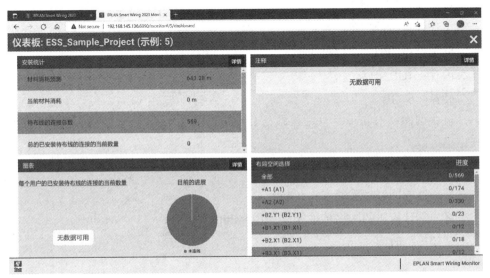

图 19-3　EPLAN Smart Wiring Monitor 参考界面

19.2　部署环境要求

（1）软件运行操作系统

EPLAN Smart Wiring 支持 32 位和 64 位版本的 Microsoft 操作系统 Windows 8.1 和 Windows 10。所安装的 EPLAN Smart Wiring 应用程序必须受操作系统支持。运行 EPLAN Smart Wiring 需要 Internet Explorer 11 或者 Microsoft Edge 浏览器。

此外，EPLAN 证实该程序兼容以下操作系统：

1）工作站：

Microsoft Windows 8.1（64 位）Pro、Enterprise 版。

Microsoft Windows 8.1（32 位）Pro、Enterprise 版。

Microsoft Windows 10（64 位）Pro、Enterprise 版。

Microsoft Windows 10（32 位）Pro、Enterprise 版。

2）服务器：

Microsoft Windows Server 2012（64 位）。

Microsoft Windows Server 2012 R2（64 位）。

Microsoft Windows Server 2016（64 位）。

（2）硬件配置要求

工作计算机的推荐配置：

处理器：CPU，不超过 3 年。

内存：4GB×1。

硬盘：64GB。

显示器图像分辨率：显示器图像分辨率最低为 1280 像素×800 像素，建议使用触摸屏。

建议使用 Microsoft Windows 网络。

服务器的网络传输速率：1Gbit/s。

客户端计算机的网络传输速率：100Mbit/s。

建议等待时间 <1ms。

19.3 主要操作过程说明

（1）EPLAN Smart Wiring 授权服务器端操作

1）启动 EPLAN Smart Wiring 服务器。在服务器端双击桌面快捷图标，开启【EPLAN Smart Wiring 2023】对话框，确定服务器 IP 地址和端口，单击【启动服务器】按钮，启动 EPLAN Smart Wiring 服务器，如图 19-4 所示。

2）创建接线项目管理共享文件夹。在 EPLAN

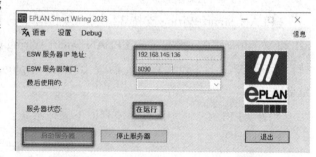

图 19-4　启动 EPLAN Smart Wiring 服务器

Smart Wiring 服务器端创建共享文件夹，用于存储 EPLAN Pro Panel 发布的 Smart Wiring 项目，如图 19-5 所示。

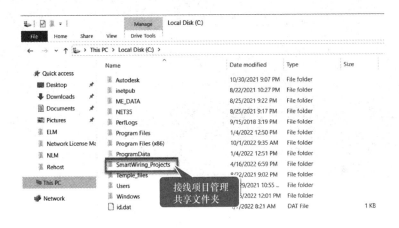

图 19-5 创建接线项目管理共享文件夹

（2）EPLAN Smart Wiring 客户端操作

1）客户端连接 EPLAN Smart Wiring 服务器。在客户端浏览器中，输入服务器的 IP 地址和端口，如图 19-6 所示。

图 19-6 客户端连接 EPLAN Smart Wiring 服务器

2）EPLAN Smart Wiring 客户端登录。EPLAN Smart Wiring 客户端连接服务器成功后，会进入登录界面，在该界面中输入用户名并单击【Log in】按钮，完成用户登录，如图 19-7 所示。

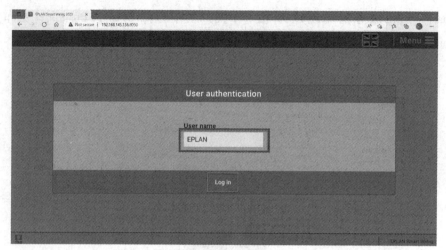

图 19-7　登录界面

3）EPLAN Smart Wiring 客户端界面语言切换。客户端界面会因操作系统语言而变化，登录后可以通过右上角的语言切换图标切换界面语言，如可以将语言切换成中文，如图 19-8 所示。

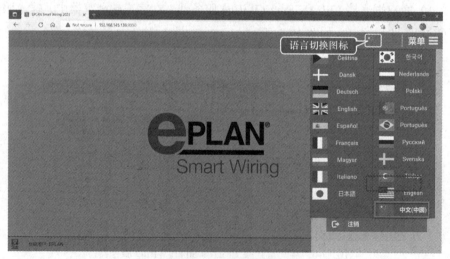

图 19-8　界面语言切换

4）EPLAN Smart Wiring 工作目录选择。在 EPLAN Smart Wiring 切换中文界面后，选择【菜单】→【管理员设置】命令，准备设置默认项目存储工作目录，参考界面如图 19-9 所示。

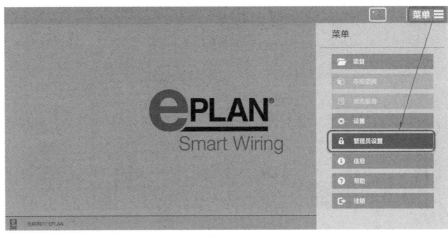

图 19-9　【管理员设置】命令

选择【管理员设置】命令，弹出【访问代码】提示窗，输入默认访问代码
【0000】，该访问代码后期可以更改，用以保护访问权限，如图 19-10 所示。

图 19-10　默认访问代码

在【管理员设置】子对话框中，选择【工作目录】命令，选择所创建的共
享工作目录，如图 19-11 所示。

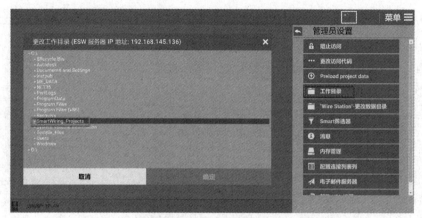

图 19-11 【工作目录】命令

（3）EPLAN Pro Panel Smart Wiring 项目发布

在 EPLAN Pro Panel 中，选择【文件】→【导出】→【连线】→【Smart Wiring】命令将项目发布成 EPDZ 格式，该项目需要存储在指定的工作目录文件夹中，命令菜单如图 19-12 所示。

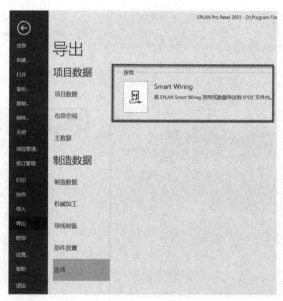

图 19-12 项目发布

（4）EPLAN Smart Wiring 中打开项目

在 EPLAN Smart Wiring 中，选择【菜单】→【项目】→【打开项目】命令打开所发布的项目，如图 19-13 所示。

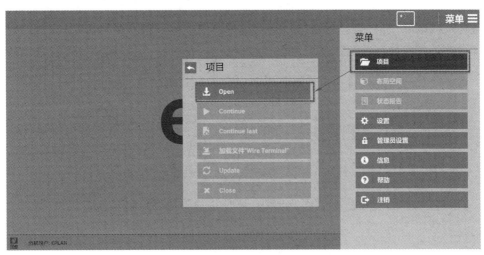

图 19-13　打开项目

选择【Open】命令后，将进入【打开项目】对话框，在该对话框中将列出工作目录中的项目用以选择，如图 19-14 所示。

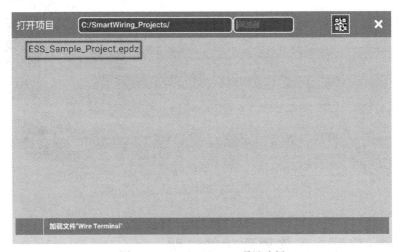

图 19-14　Smart Wiring 项目选择

项目打开后，如果项目有多个布局空间，需要选择打开哪个布局空间，如图 19-15 所示。

选择待布线的布局空间，单击【确定】按钮后，进入 EPLAN Smart Wiring 操作主界面，在该界面中用户可以开始进行待连接导线处理和状态管理，整体界面如图 19-16 所示。

图 19-15　选择布局空间

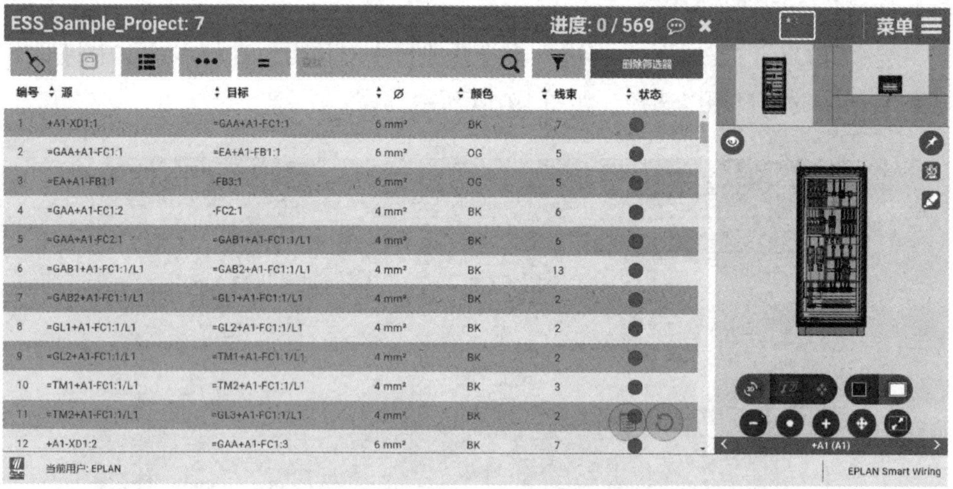

图 19-16　EPLAN Smart Wiring 操作主界面

19.4　软件主工作界面功能说明

1. 安装状态管理

在 EPLAN Smart Wiring 中，比较重要的一个功能就是安装状态管理，当用终端设备进行接线时，通过安装状态管理可以对待布线的接线进行接线安装状态管控，在 EPLAN Smart Wiring 中以不同的颜色代表待布线接线的不同安装状态，如图 19-17 所示。

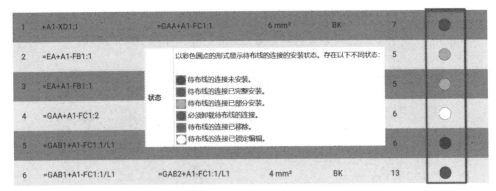

图 19-17 安装状态管理

2. 待布线连接的图标及命令说明

在 EPLAN Smart Wiring 的主工作界面中，待布线连接有很多相关的图标及命令，如图 19-18 所示。

图 19-17 彩图

图 19-18 待布线连接的图标及命令

图标及命令分别解释如下：

①：待布线连接的源和目标端部处理信息概览，通过该命令可以分别显示待布线连接的源端部处理和目标端部处理信息概览，以及接线的视图信息，如图 19-19 所示。

②：待布线连接的源或目标端部的出线方向，示例中，源端部为向上向左出线，目标端部为向上向右出线，如图 19-20所示。

③：待布线连接的源或目标端部处理类型显示，在 EPLAN Pro Panel 中，通过布线功能可以将设备的连接点排列样式中的线缆端部处理类型传递给导线的

【源线缆端部处理】和【目标线缆端部处理】属性中，比如可能是弹簧夹紧连接
（Stripping）或单个螺钉夹紧连接（End sleeve）等，如图 19-21 所示。

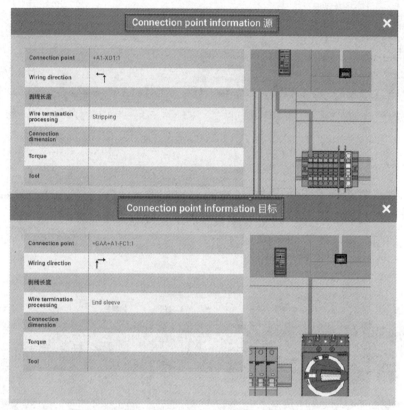

图 19-19　待布线连接的源和目标端部处理信息概览

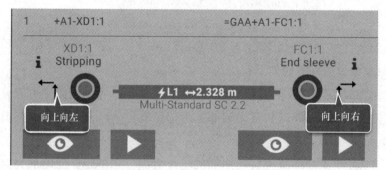

图 19-20　待布线连接的源或目标端部的出线方向

④：显示待布线连接的导线信息，包含导线的电位值（L1）、导线的长度
（2.328m）以及连接导线选型后的连接类型代号（Multi-Standard SC 2.2），这些

信息有助于接线工程师进行制线选线。

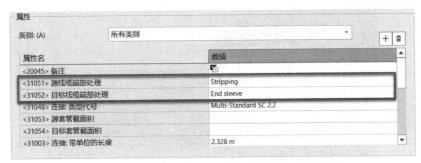

图 19-21 待布线连接的源或目标端部处理类型显示

⑤、⑥：用于在右侧 3D 视图中，分别查看待布线连接的源端出线方向、目标端出线方向以及待布线连接整体布线路径，如图 19-22 所示。

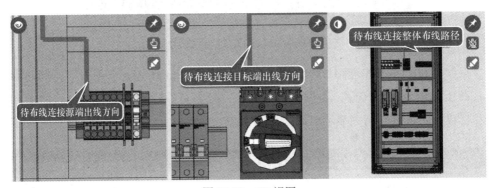

图 19-22 3D 视图

⑦：用于在右侧 3D 视图中，以动画显示方式查看待布线连接的源端出线方向和目标端出线方向。

⑧：表示该待布线连接的整体布线方向，本示例中表示该连接整体布线方向向上。

⑨：用来显示待布线连接的状态，在接线工程师对该待布线连接进行状态管理操作时，为后期整个接线过程进行数据分析和监控。

⑩、⑪：待布线连接在接线过程中，如果发现该连接可能存在问题，可先将该连接锁定并暂缓接线，给出一个锁定的状态管理，通过注释管理添加注释信息，可以截取图片或增加附件，并通过邮件发送注释给工艺工程师或者原理接线图设计工程师，如图 19-23 所示。

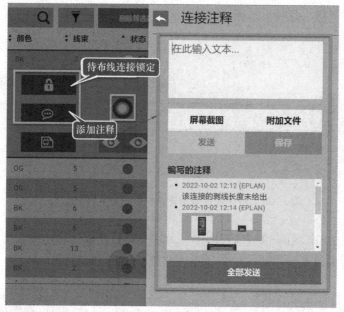

图 19-23　待布线连接锁定及添加注释

⑫：打开参考原理图，EPLAN Pro Panel 发布 Smart Wiring 项目时，同时会将图纸导出成网页文件，通过该命令可以打开参考原理图，待布线连接的源和目标设备将被圈红高亮显示出来，如图 19-24 所示。

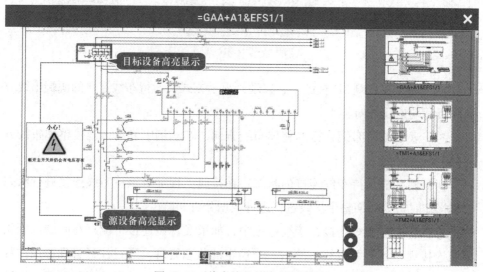

图 19-24　待布线连接参考原理图

⑬：打印待布线连接的源和目标的完整设备名称，如图 19-25 所示。

图 19-25　打印待布线连接的源和目标的完整设备名称

⑭：存储 EPLAN Smart Wiring 中的操作状态及注释等信息，用于后期的数据分析及项目管理。

3. 筛选器使用说明

在 EPLAN Smart Wiring 中，待布线连接的导线规格比较多，设备也比较多，因此筛选器的使用比较重要。在 EPLAN Smart Wiring 主操作界面上部有多个筛选器可使用，如图 19-26 所示。

图 19-26　筛选器

①：连接类型筛选，EPLAN Smart Wiring 支持四种连接类型：导线（单根芯线）、电缆、接线式跳线、管道。

当项目里有多种待布线连接类型时，该命令激活，如果只有一种连接类型，该命令不激活。例如，【电缆】连接类型筛选规则如图 19-27 所示。

②：箱柜筛选，如果打开或继续的项目拥有带多个箱柜的布局空间，则在连接列表中通过该命令筛选所选箱柜的待布线连接，如图 19-28 所示。

图 19-27　连接类型筛选

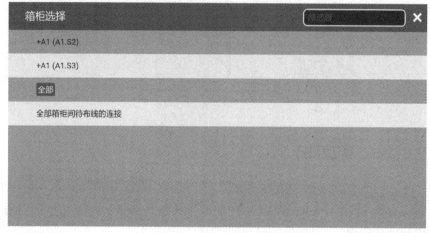

图 19-28　箱柜筛选

③：电位值和电位类型筛选，如果项目存在多个电位值或者电位类型，可通过该筛选器筛选出某电位值或者电位类型的待布线连接，如图 19-29 所示。

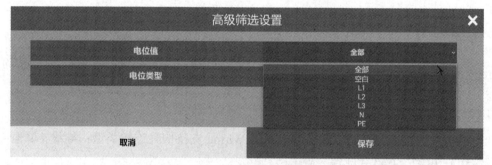

图 19-29　电位值和电位类型筛选

④：设备标识符筛选，一些大型设备在接线时往往是集中接线的，不会按照导线的顺序来接线，通过该设备标识符筛选器可以快速筛选出只和该设备有关的线，如图 19-30 所示。

图 19-30 设备标识符筛选

⑤：设备查找筛选过程中，可以结合待布线连接的属性，做进一步的筛选选项设置，如图 19-31 所示。

图 19-31 筛选选项设置

⑥：筛选器开启按钮，可激活用于筛选的连接属性，如导线截面积、颜色和所属线束等，如图 19-32 所示。

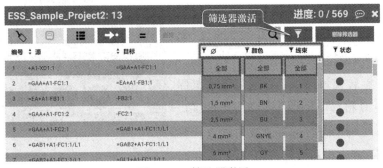

图 19-32 筛选器激活

4. 3D 视图使用说明

在 EPLAN Smart Wiring 中，连接列表与 3D 视图共同应用，3D 视图是一个独立显示区域，在连接列表的右侧，如图 19-33 所示。

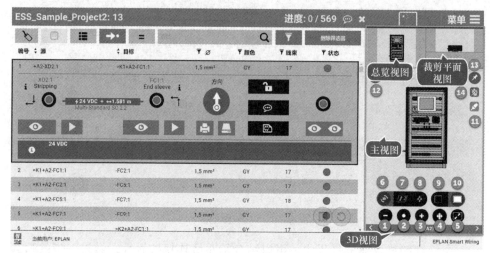

图 19-33　3D 视图概览

①：缩小视图命令，每次缩小 25%。

②：返回标准显示视图。

③：放大视图命令，每次放大 25%。

④：更改视角命令，通过该命令可以旋转视图的视角，每次修改增量为 45°。该命令激活后，会在主视图显示左侧、右侧、上侧、下侧的箭头，如图 19-34 所示。

⑤：全屏模式命令，在连接列表和 3D 视图同时显示时可能不容易看清连接细节或走线路由，通过该命令可全屏显示 3D 视图，结果如图 19-35 所示。

⑥：旋转视角命令，可通过移动鼠标或手指更改布局空间内安装布局的视角，按住鼠标左键，向希望修改视角的方向移动鼠标或手指，即可旋转视角。

⑦：裁剪平面模式，可显示安装布局中被其他对象隐藏的电气或机械组件。

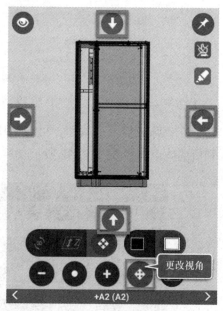

图 19-34　更改视角命令

⑧：视图平移，激活该功能后，可以使用鼠标左键进行上下左右移动视图。

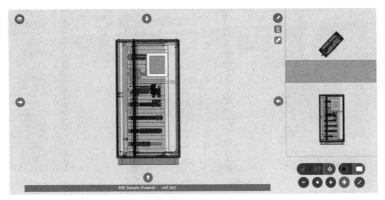

图 19-35 3D 视图全屏模式

⑨、⑩：黑白 3D 视图背景切换。

⑪：当待布线连接为黑色或者灰色时，通过该命令可以使其变为红色高亮显示，进而从视觉上进行强调，如图 19-36 所示。

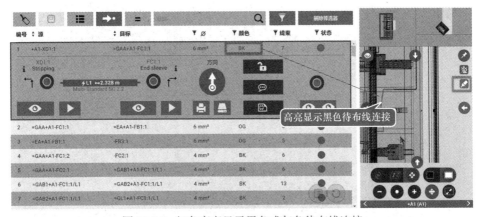

图 19-36 红色高亮显示黑色或灰色待布线连接

⑫：透明模式切换，可通过透明模式显示电气或机械组件，突出强调所选布局空间内的待布线连接。此显示模式有三个级别：

等级 1：非透明显示电气组件和安装导轨，透明显示电缆槽，此为默认设置。

等级 2：透明显示电气组件、安装导轨、电缆槽以及安装板。

等级 3：半透明显示电气组件，半透明显示安装导轨和电缆槽并用其他颜色突出显示。三个不同等级的显示差异，如图 19-37 所示。

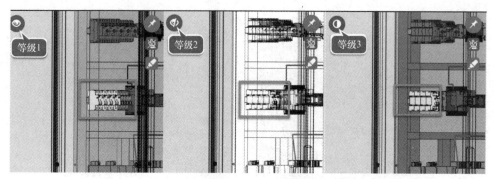

图 19-37　透明模式切换

⑬：固定视角，编辑待布线连接的安装状态时，可以此在 3D 视图中固定所选的安装布局视角。

⑭：显示设备标识符，在 3D 视图中，可显示所选布局空间内某个电气组件完整的设备标识符，如图 19-38 所示。

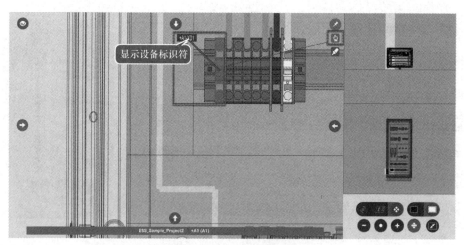

图 19-38　显示设备标识符

19.5　Smart Wiring Monitor

用户在客户端浏览器中，输入服务器的 IP 地址、端口及 /monitor 参数，如图 19-39 所示。

图 19-39　监视器连接

然后进入 EPLAN Smart Wiring Monitor 主界面，如图 19-40 所示。

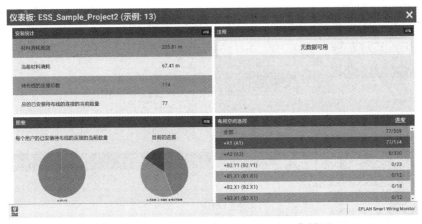

图 19-40　EPLAN Smart Wiring Monitor 主界面

主界面整体上分为安装统计、图表、注释以及进度四个部分，通过【详情】命令可以了解更多信息。

1）安装统计详情如图 19-41 所示。

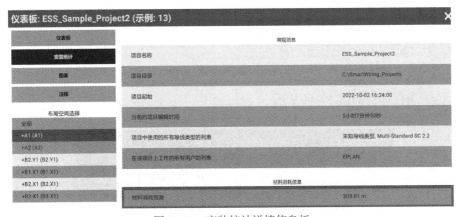

图 19-41　安装统计详情信息板

2）图表详情如图 19-42 所示。

3）注释详情如图 19-43 所示。

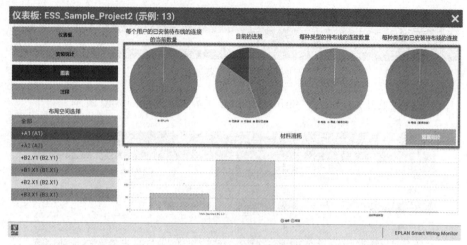

图 19-42　图表详情信息板

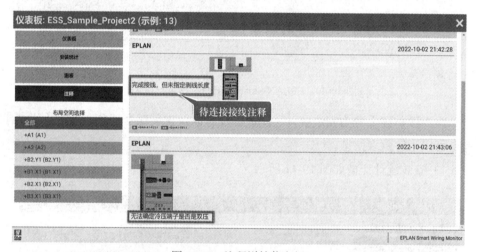

图 19-43　注释详情信息板

4）进度详情如图 19-44 所示。

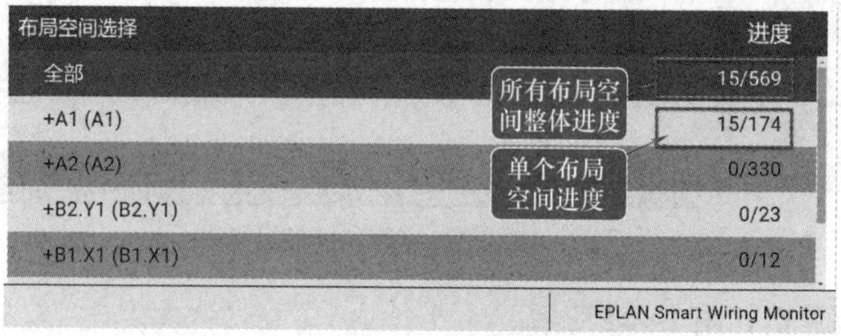

图 19-44　进度详情